Uwe H. Sueltz

COMPACT CASSETTES MILESTONES

1. PHILIPS FROM 1963 TO 1999

2. A SELECTION FROM A TO Z / 1963 TO 2017

BoD - Books on Demand

Norderstedt 2016

Bibliografische Information durch die Deutsche Nationalbibliothek

Die Deutsche Nationalbibliothek verzeichnet diese Publikation in der Deutschen Nationalbibliografie; detaillierte bibliografische Daten sind im Internet über http://dnb.dnb.de abrufbar.

© 2016 Uwe H. Sültz

Herstellung und Verlag:

BoD – Books on Demand, Norderstedt

ISBN 9-78374-3-14289-3

PHILIPS from 1963 to 1999

In this picture book I show PHILIPS Compact Cassettes from 1963 to 1999.

I also show the unknown one-hole cassette. PHILIPS never published it. The Compact Cassette, by Team Lou Ottens, was selected in 1962.

In the second part, I show a selection from A to Z, from 1963 to 2017. Both parts also appear separately in color in Europe.

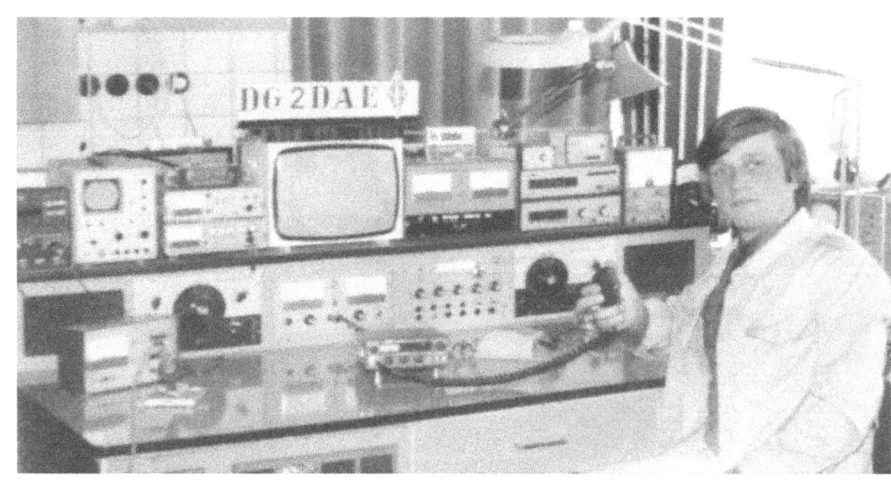

Uwe H. Sültz

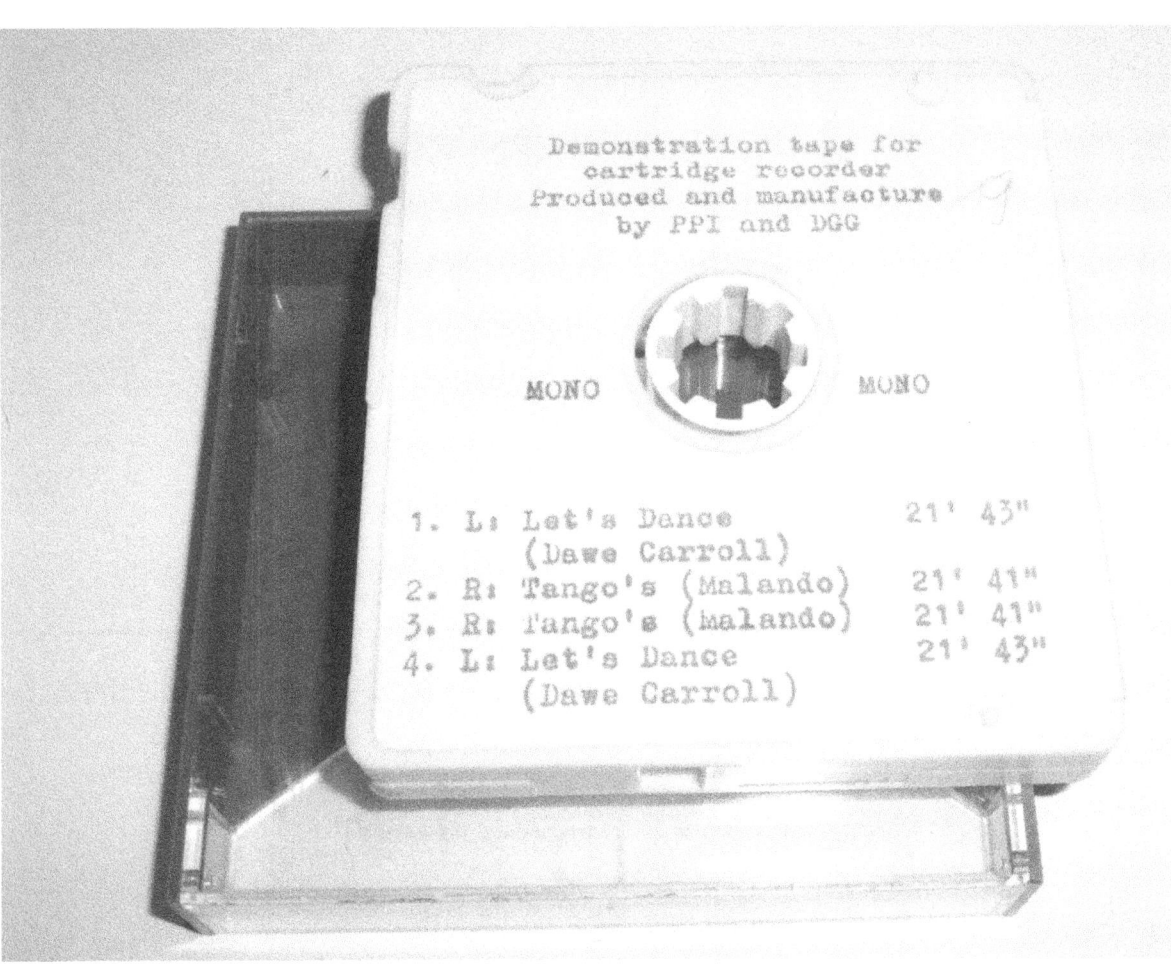

1963

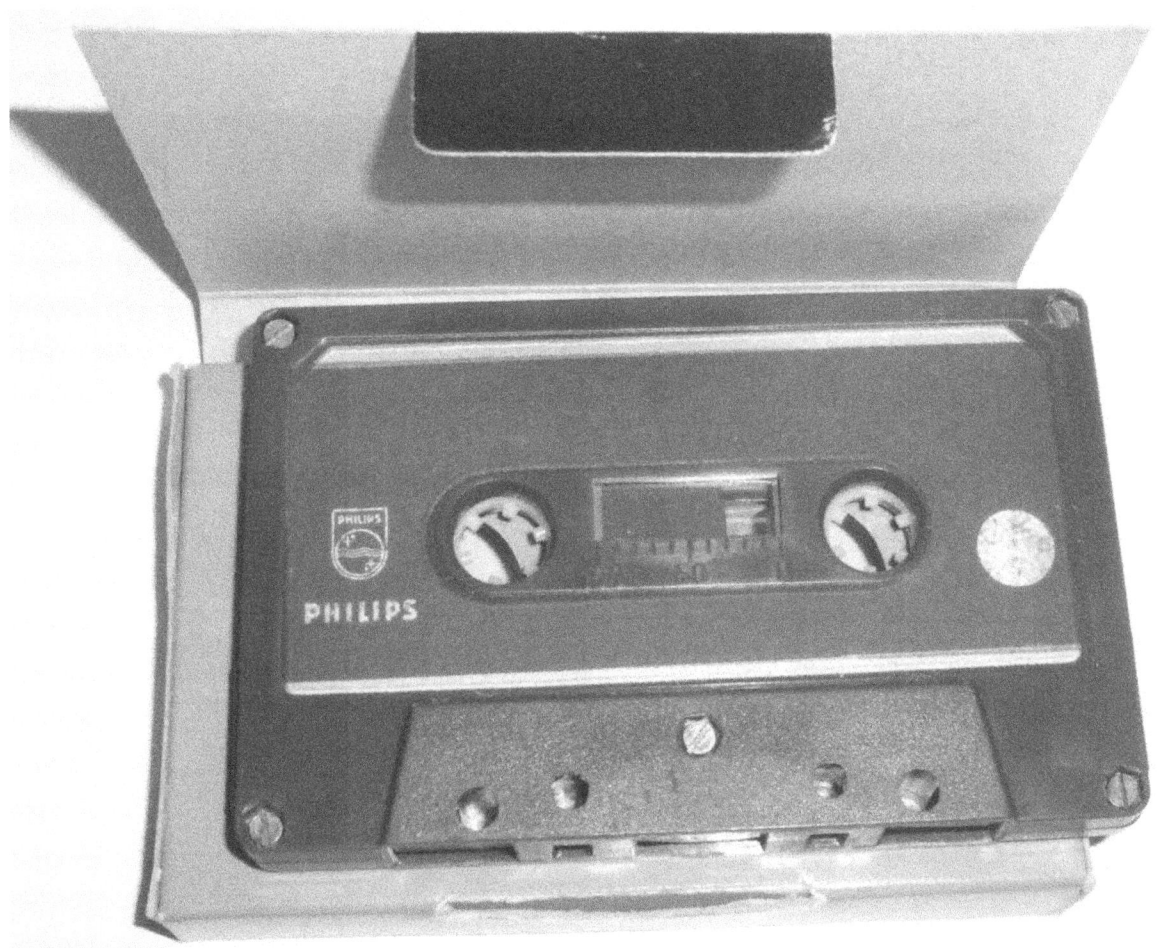

1966

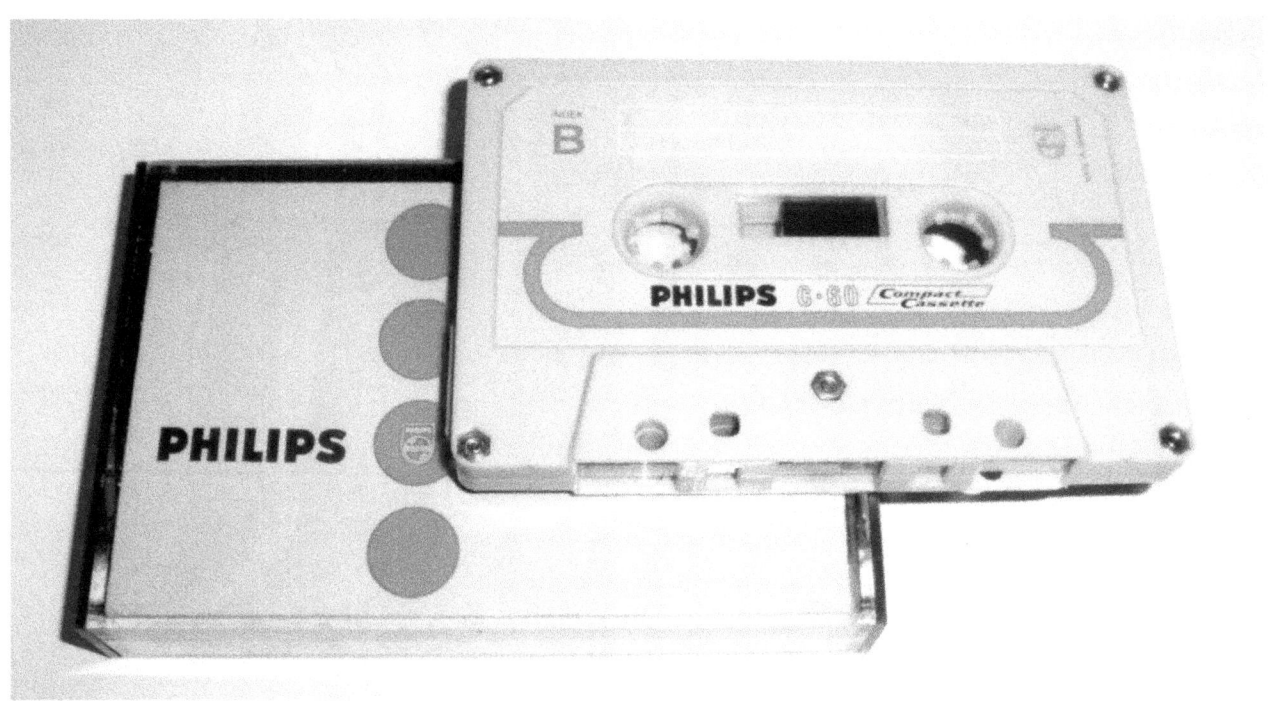

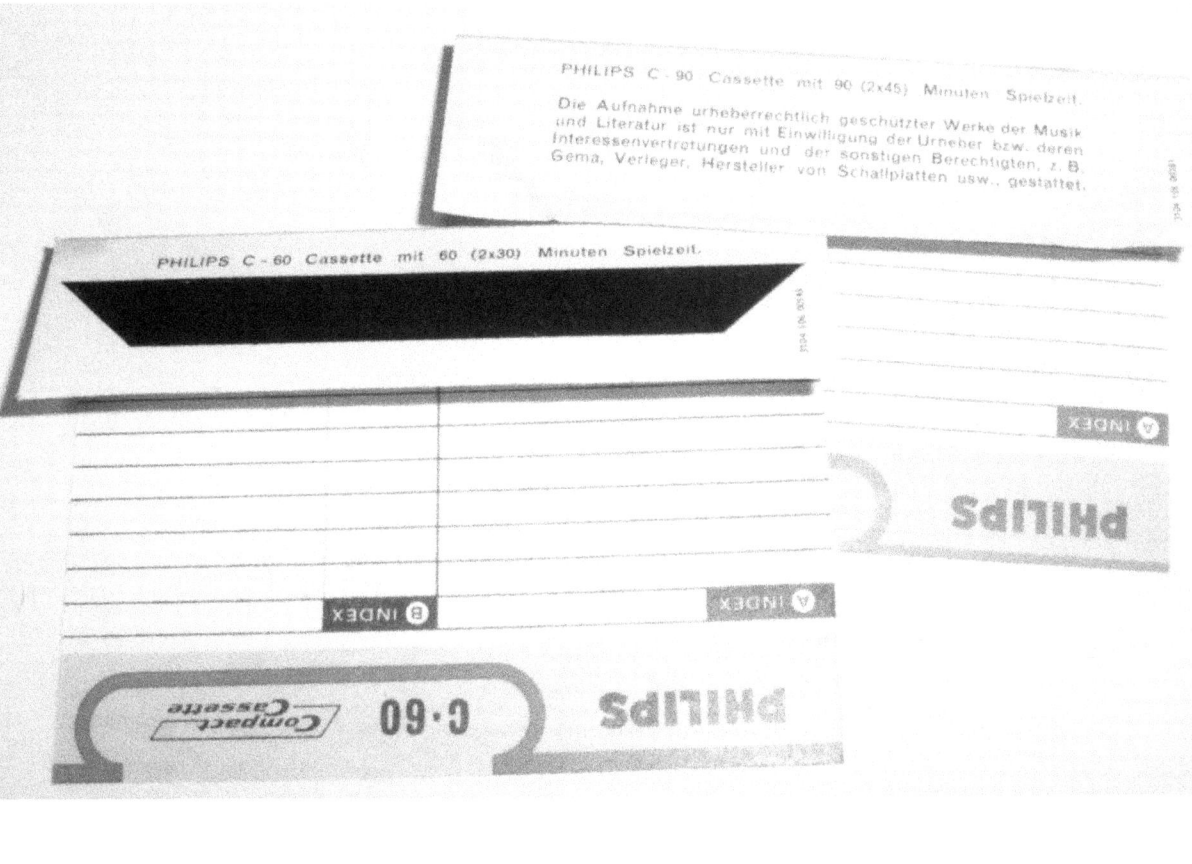

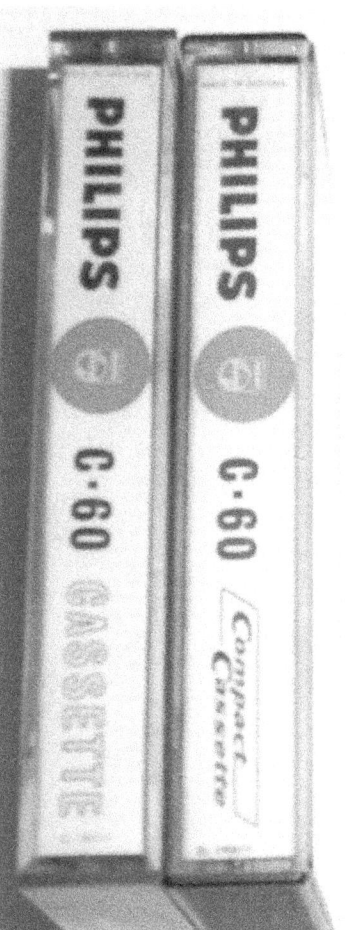

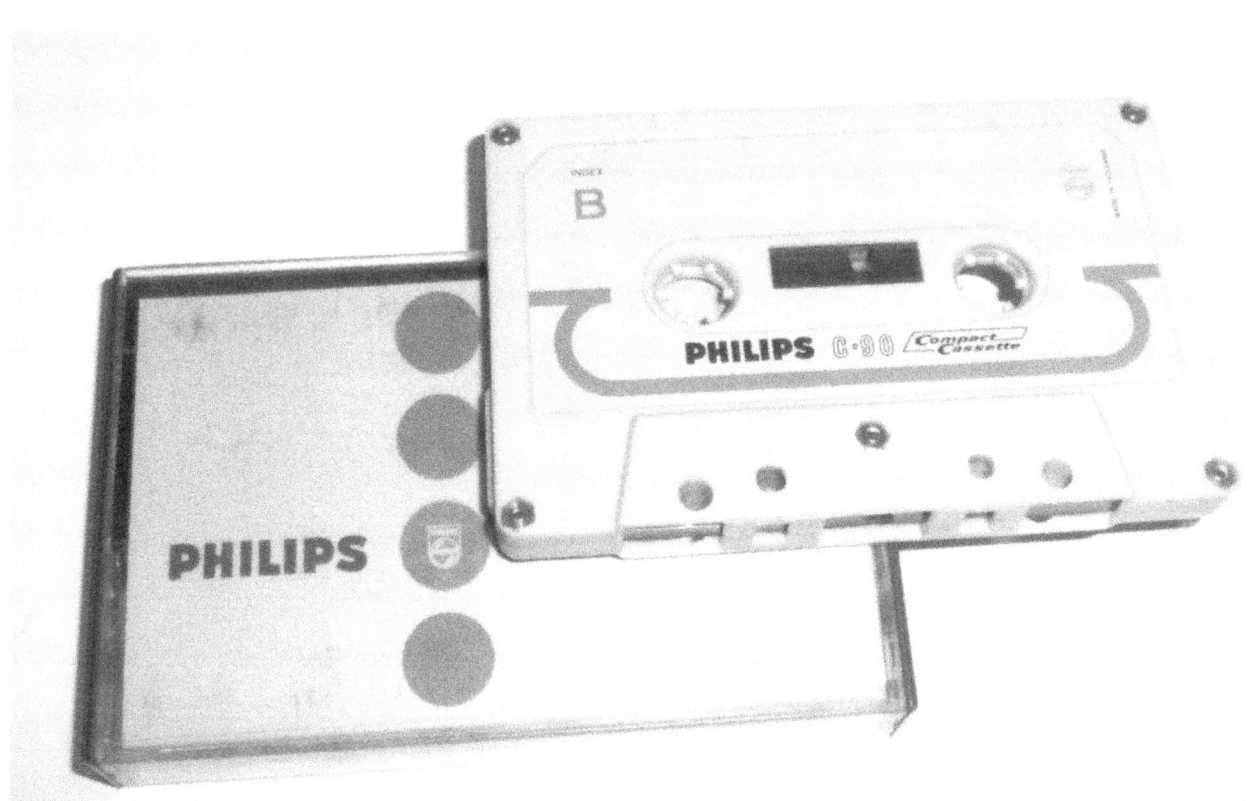

PHILIPS C-90 Cassette gives you 90 (2x45) minutes of playing time
PHILIPS C-90 Cassette bietet Ihnen 90 (2x45) Minuten Spielzeit
PHILIPS C-90 Cassette geeft U 90 (2x45) minuten speeltijd
La Cassette C-90 PHILIPS vous offre 90 (2x45) minutes d'enregistrement
El Chasis C-90 PHILIPS le permite 90 (2x45) minutos de registro

PHILIPS C-90 Cassette mit 90 (2x45) Minuten Spielzeit.

Die Aufnahme urheberrechtlich geschützter Werke der Musik und Literatur ist nur mit Einwilligung der Urheber bzw. deren Interessenvertretungen und der sonstigen Berechtigten, z. B. Gema, Verleger, Hersteller von Schallplatten usw., gestattet.

INDEX Ⓑ   INDEX Ⓐ

PHILIPS   C·90   Compact Cassette

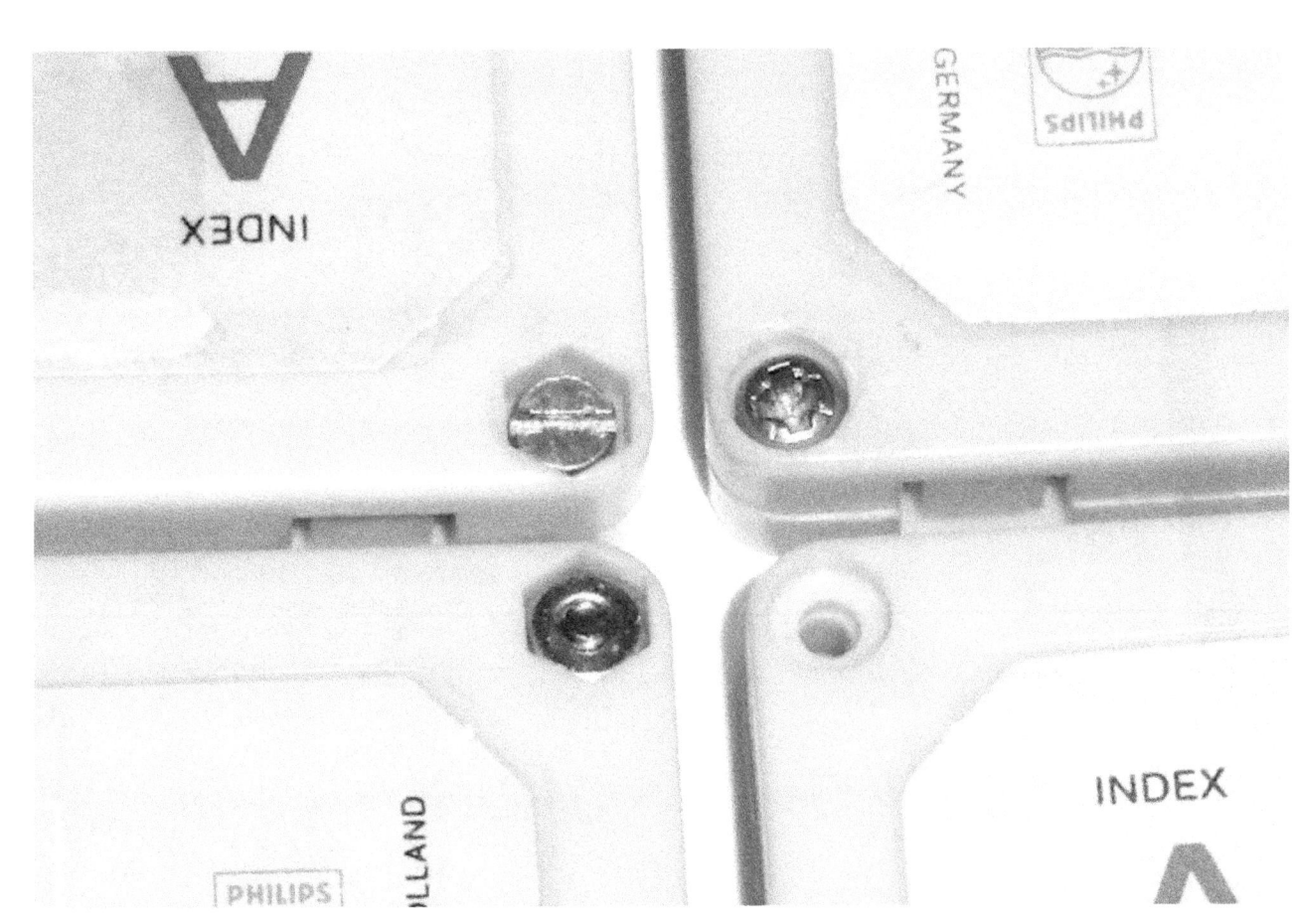

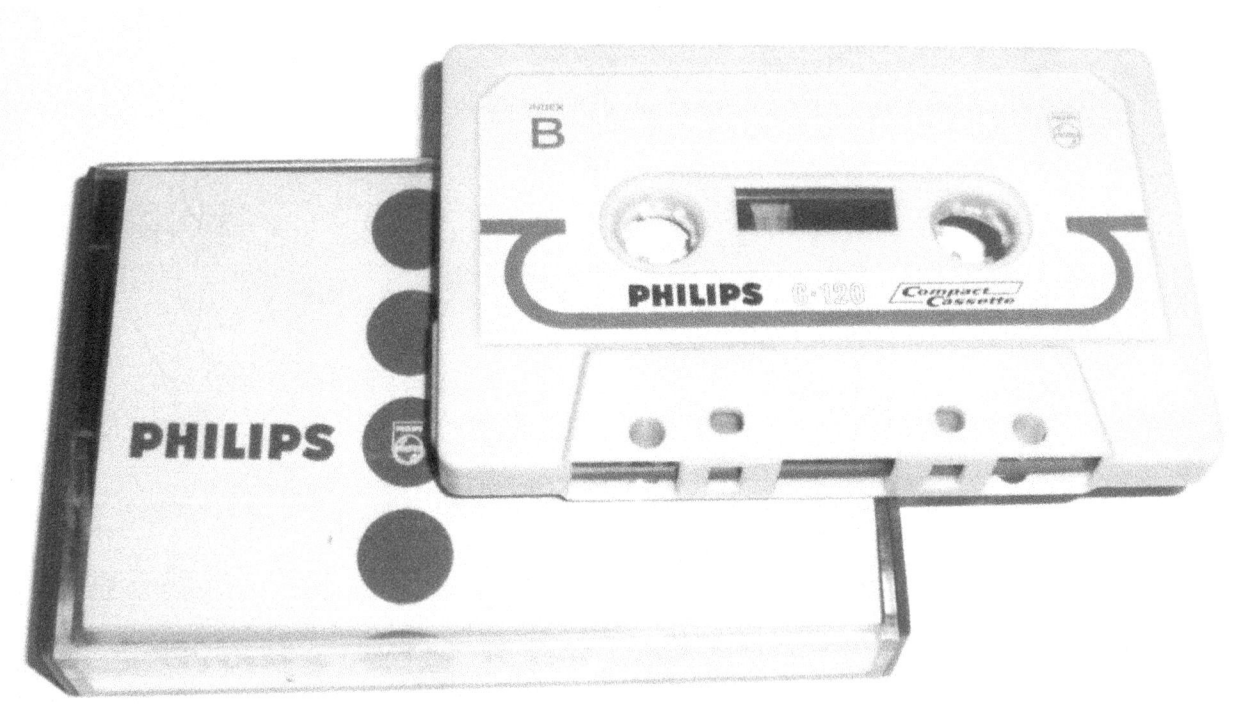

1971

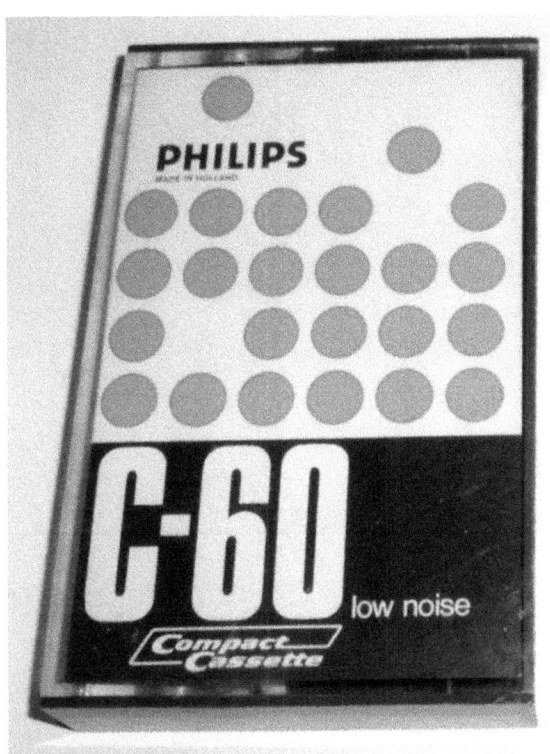

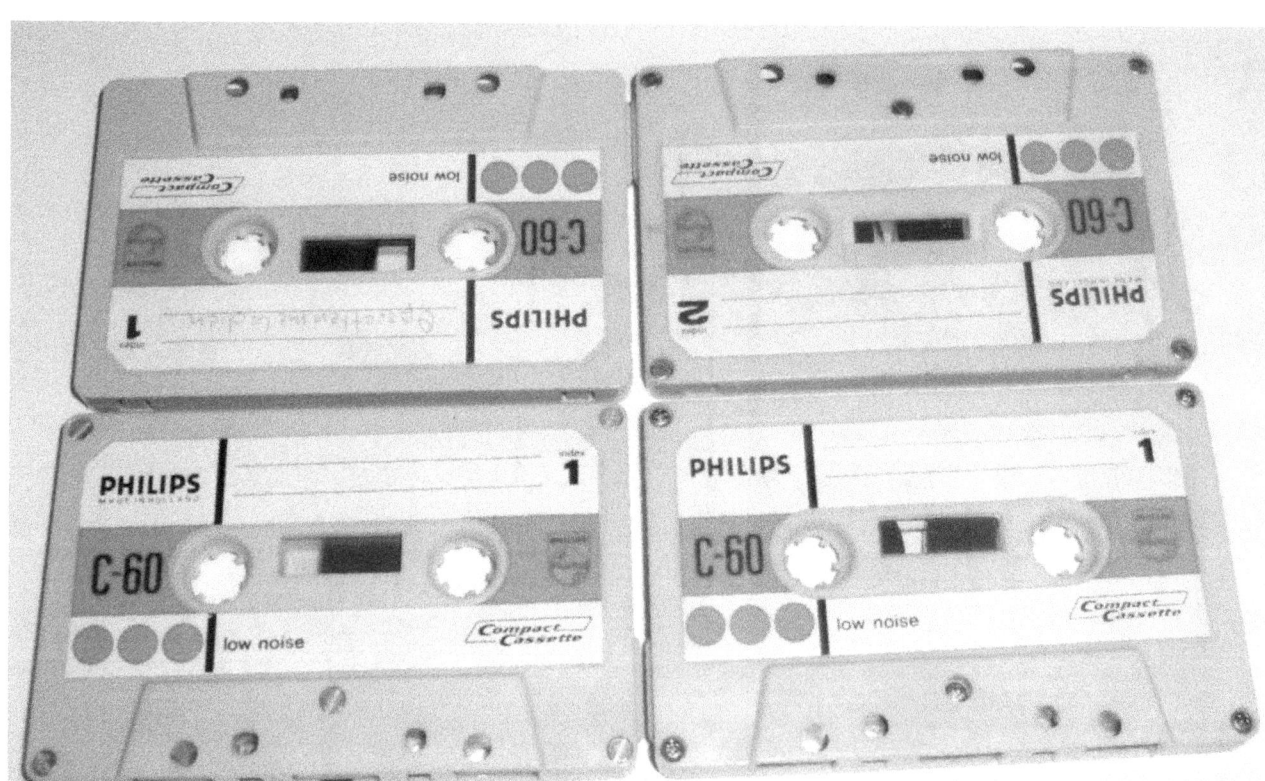

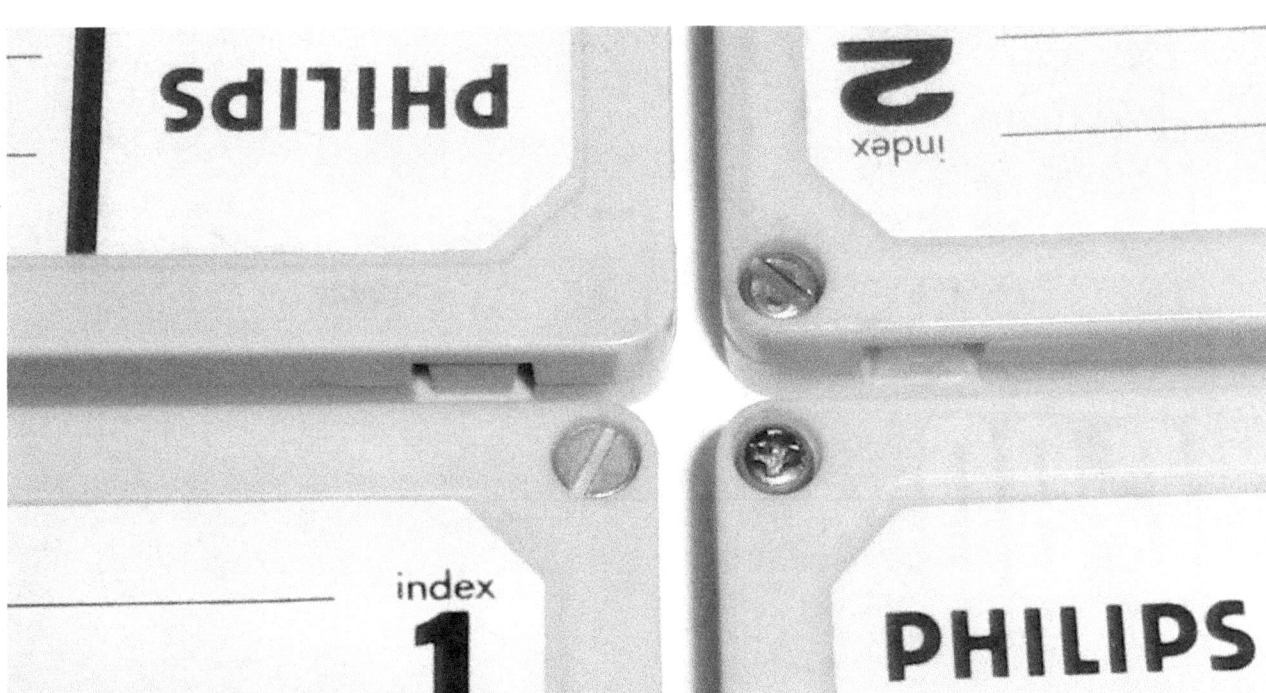

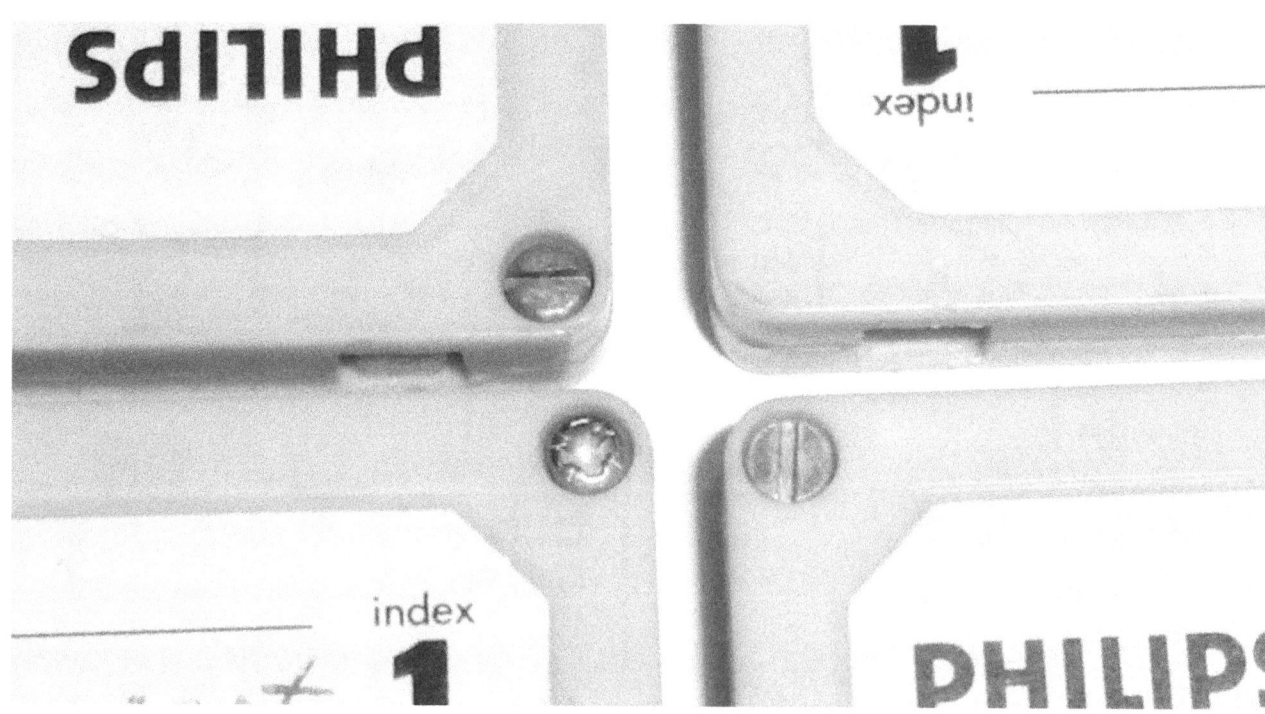

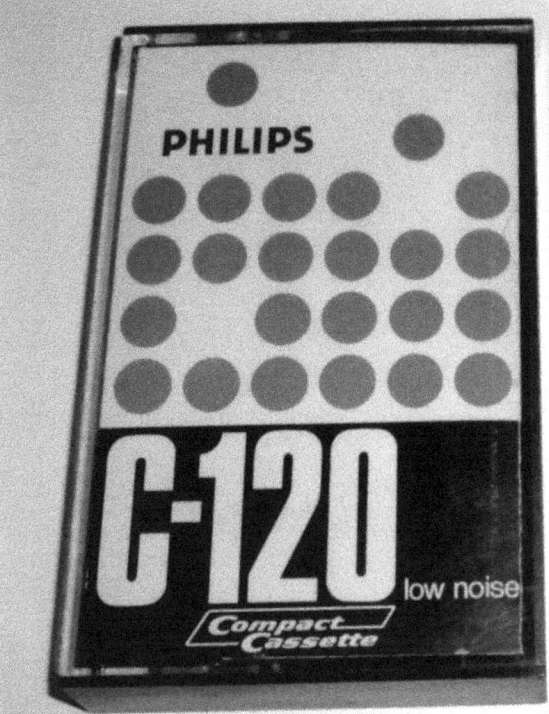

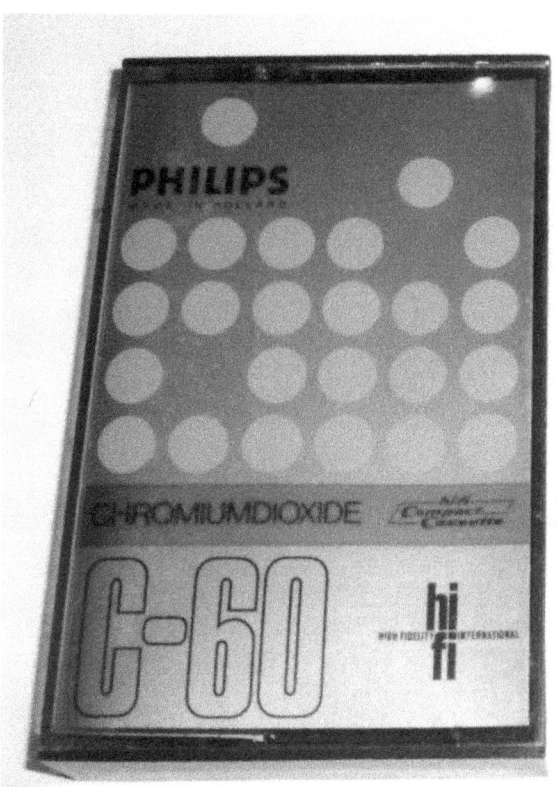
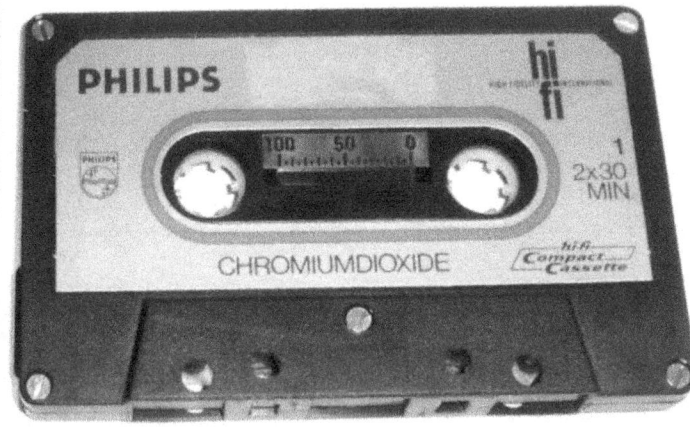

1975

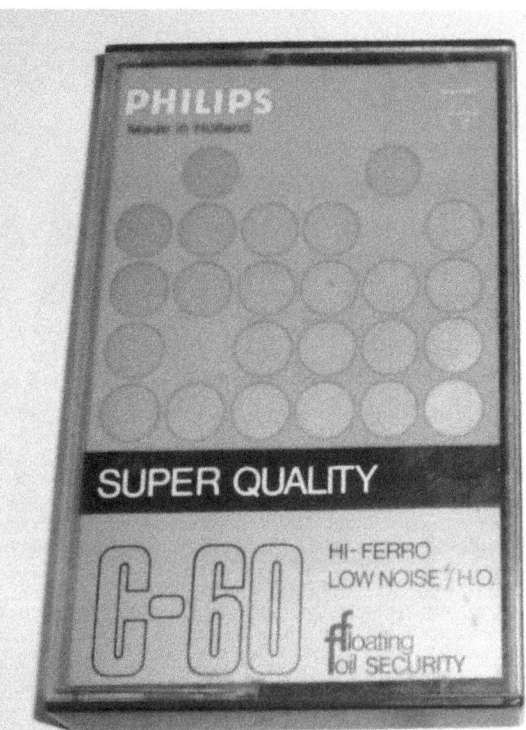 

1978

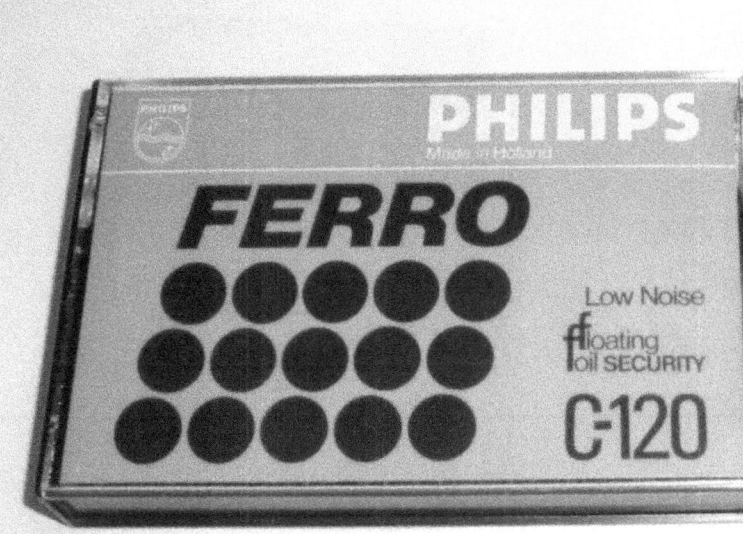

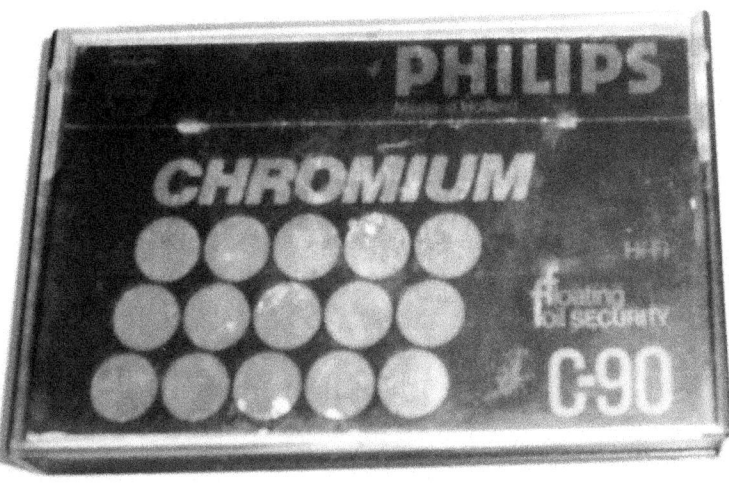

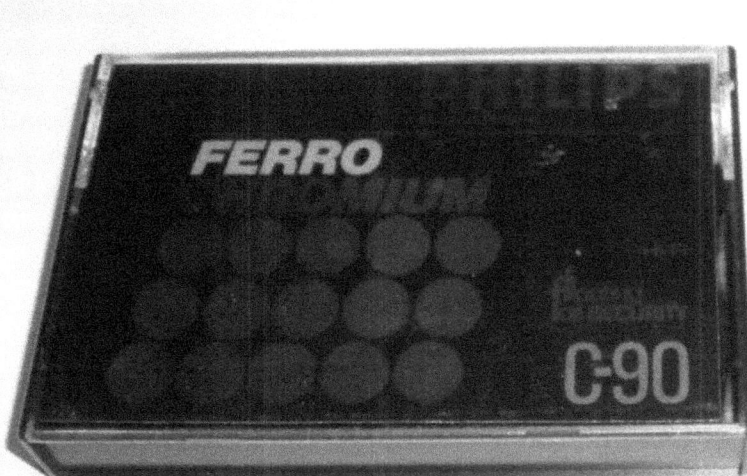

1978

1981

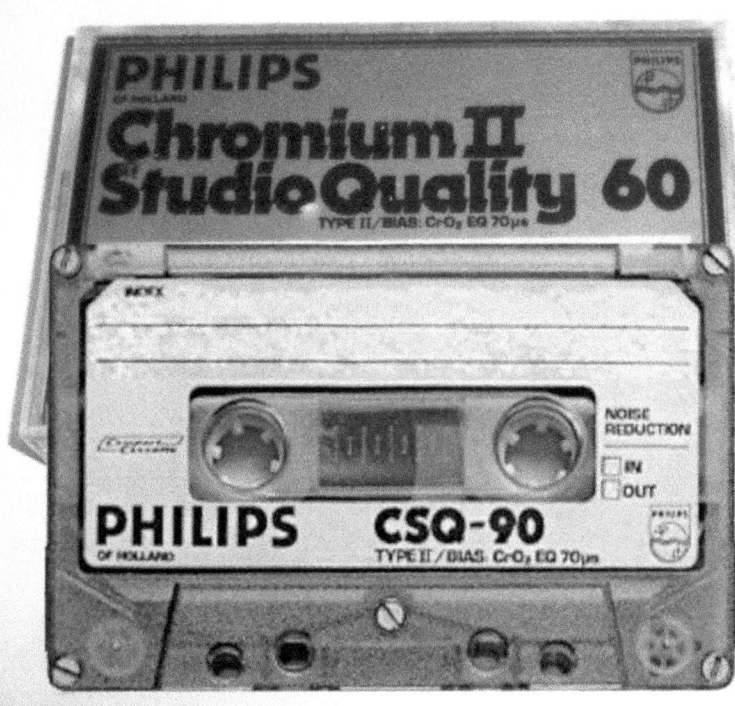

1981

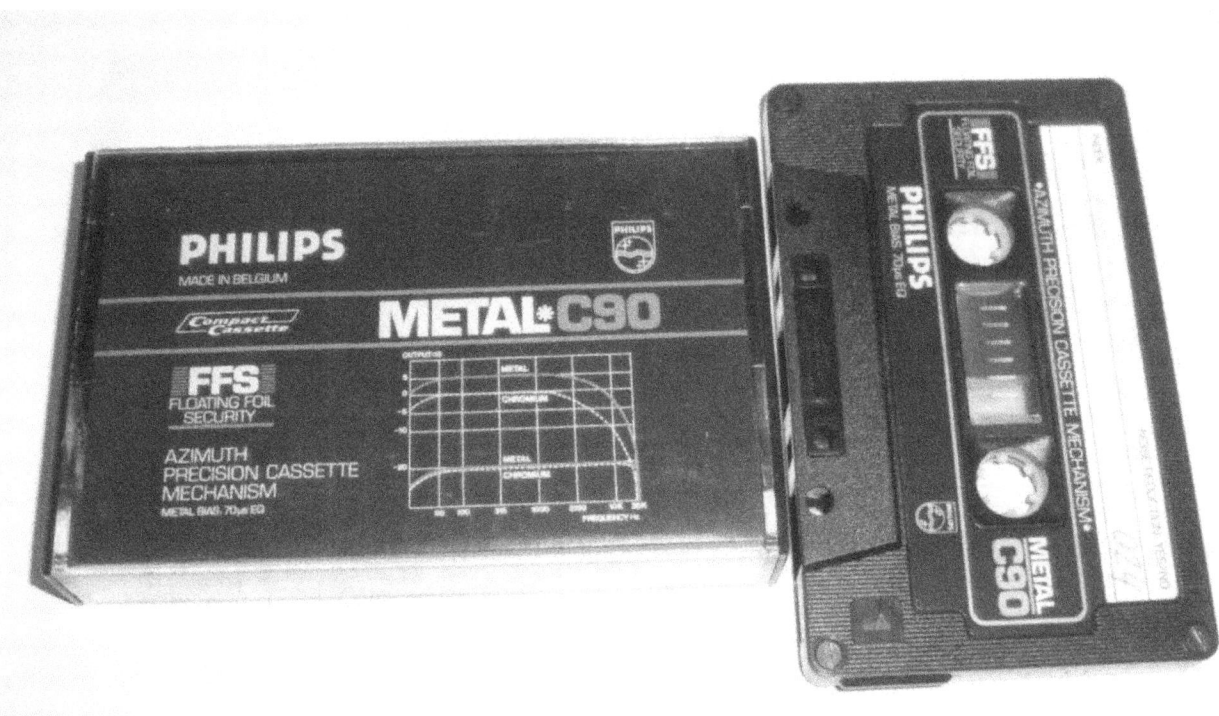

1984 - 1989

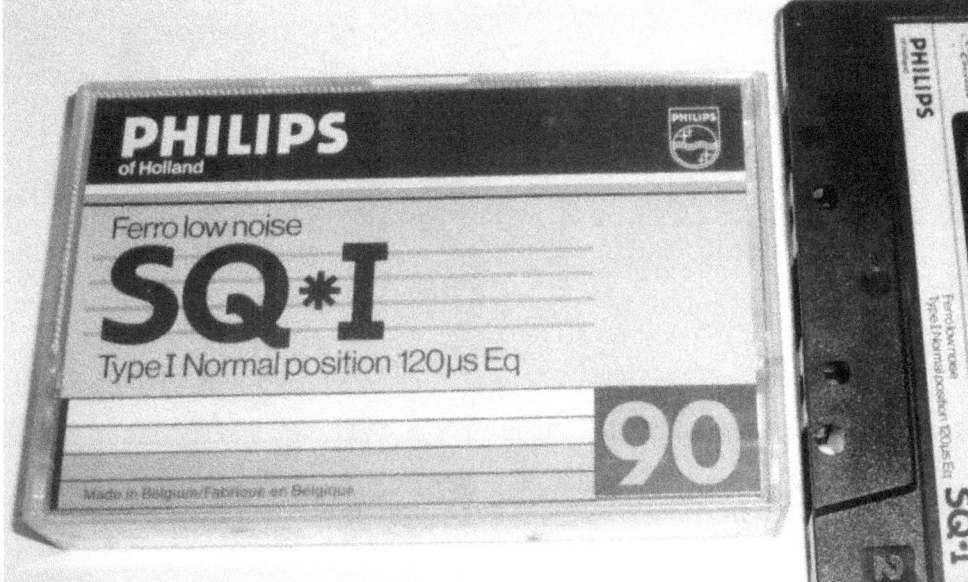

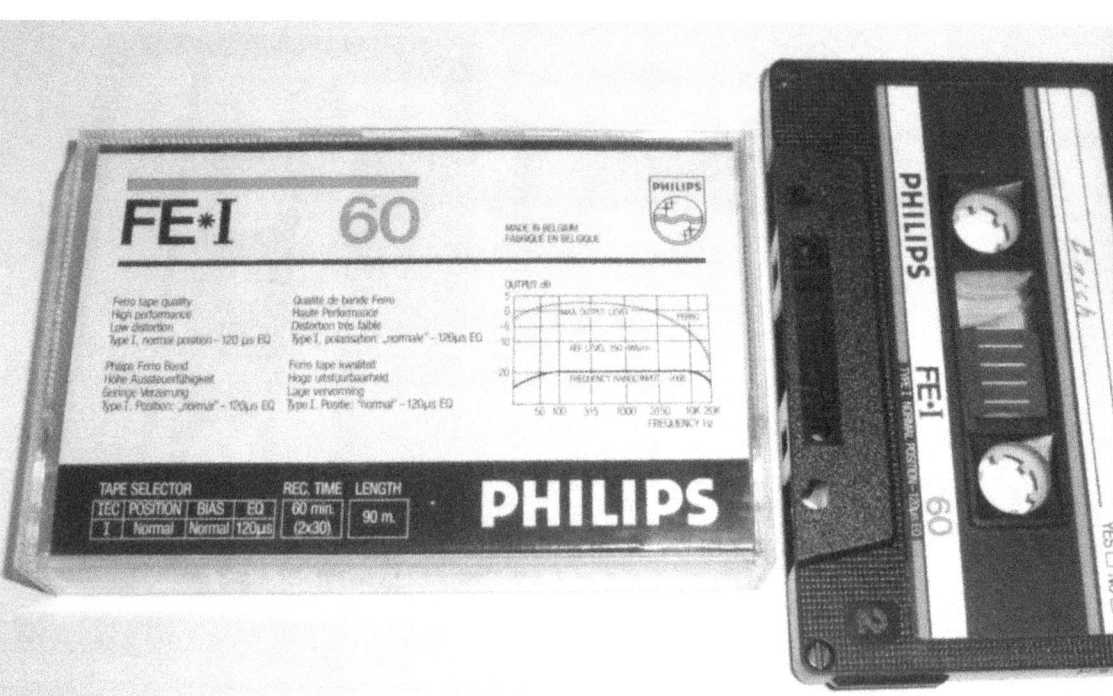

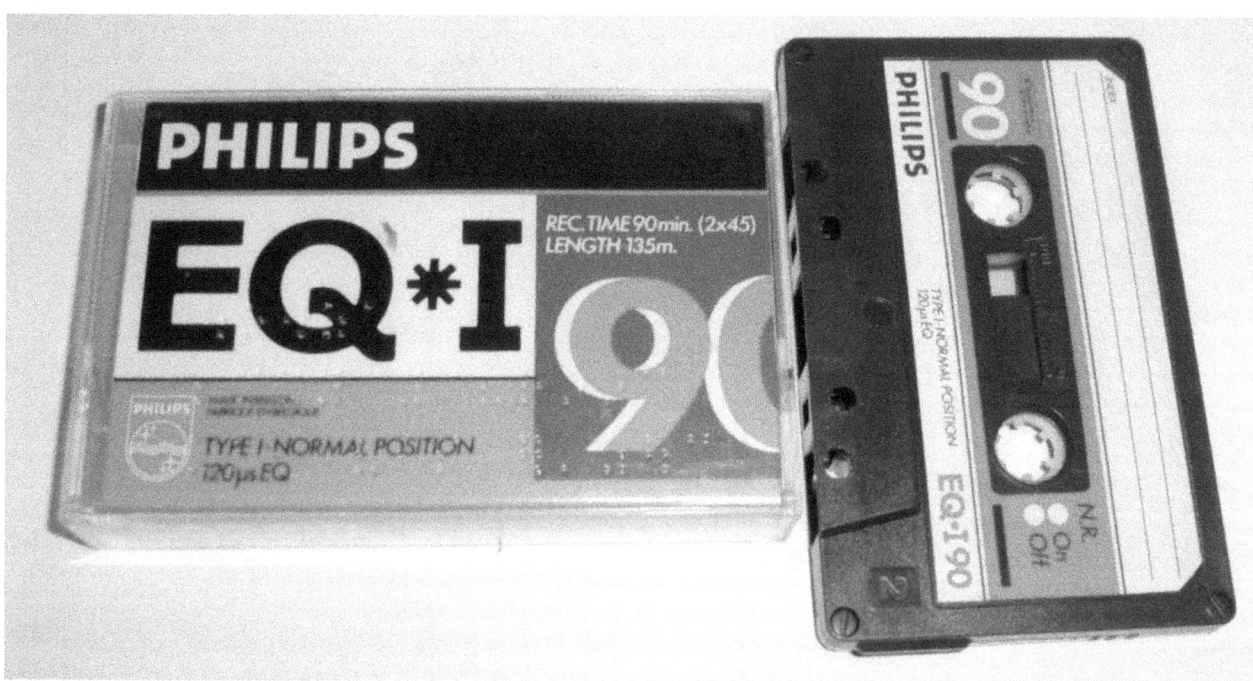

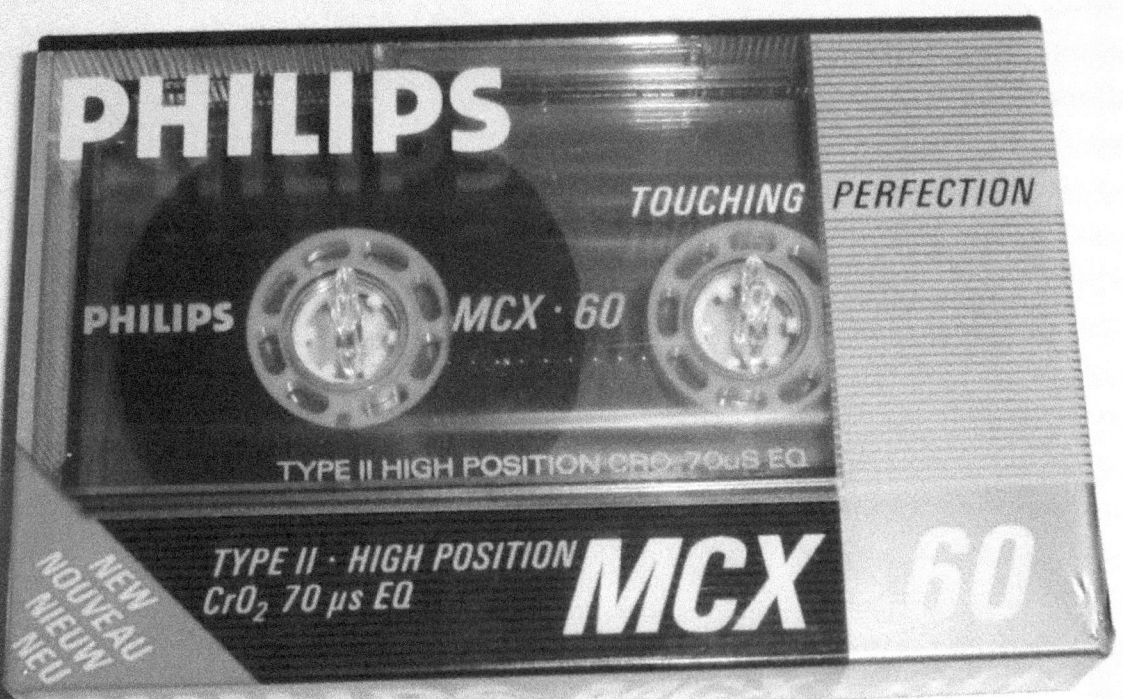

1990

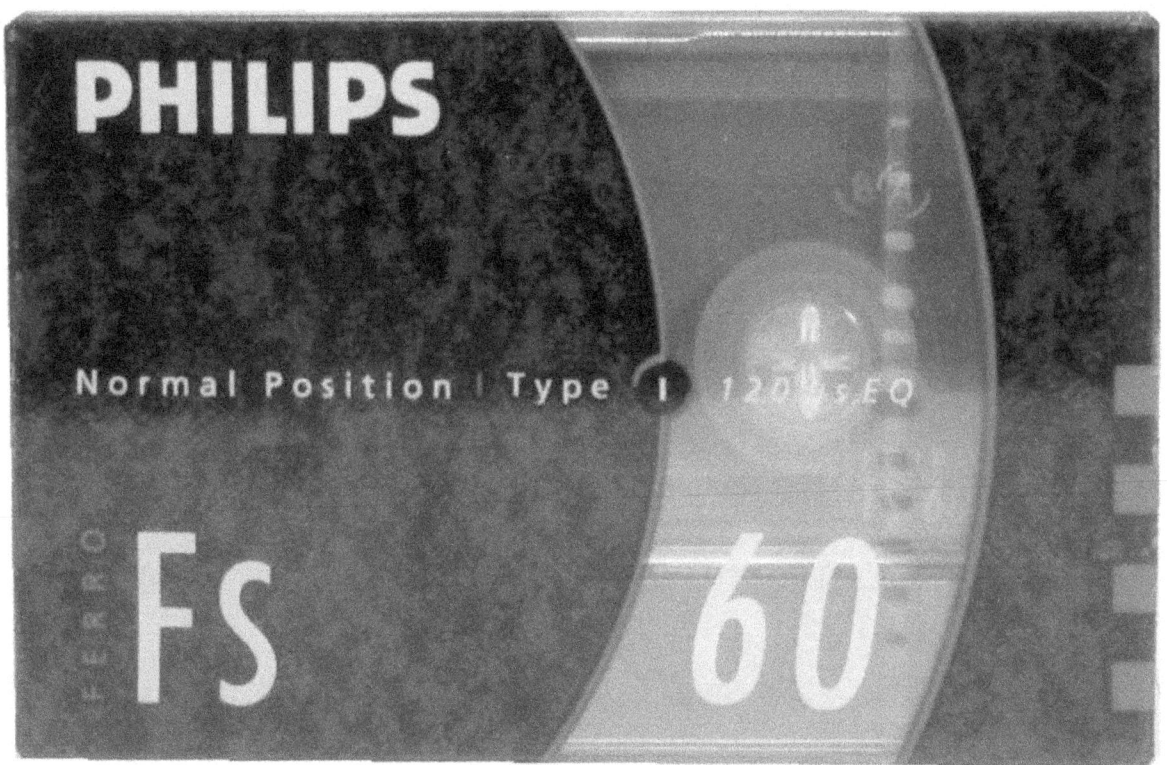

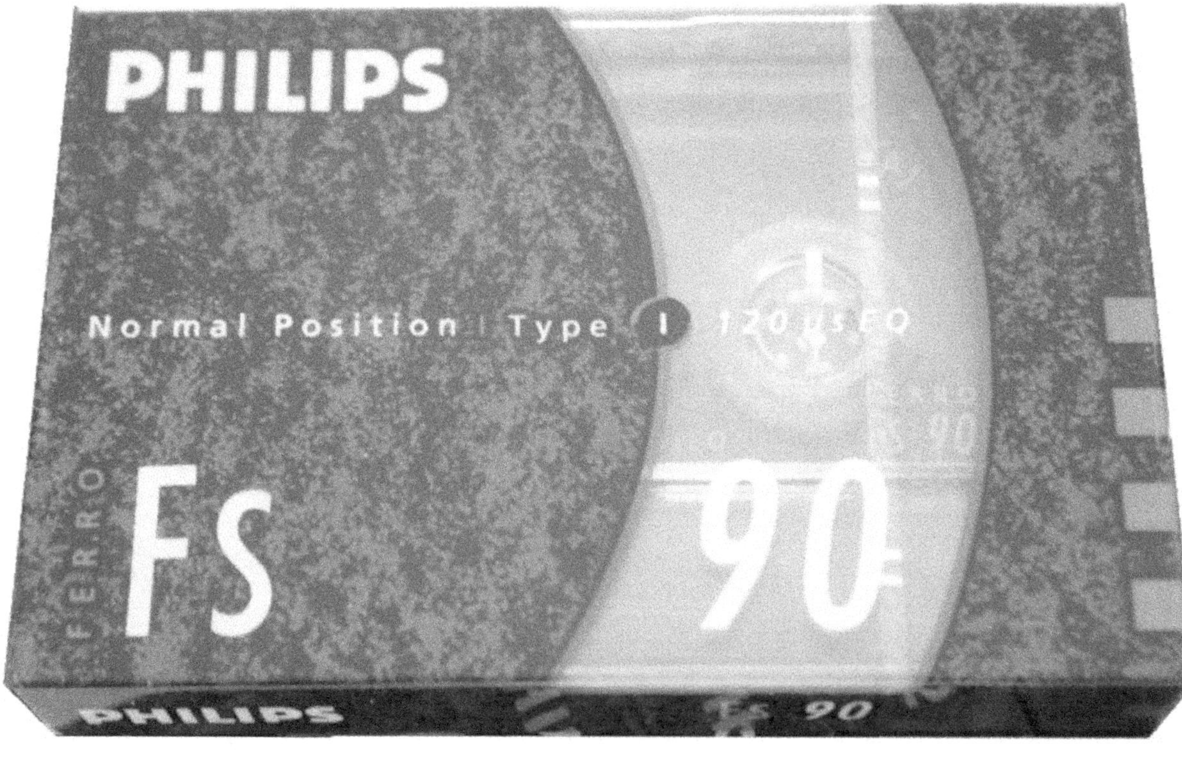

PHILIPS

Normal Position | Type I 120μsEQ

FERRO **FS** 90

PHILIPS Fs 90

1994

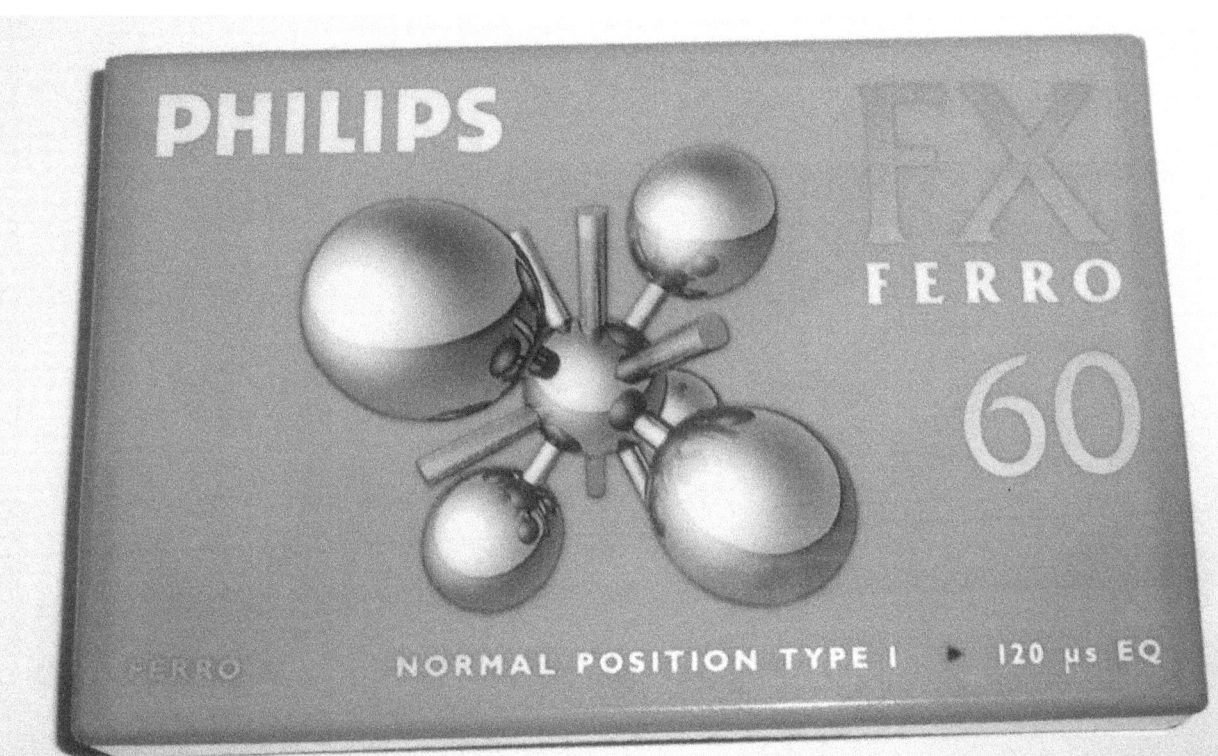

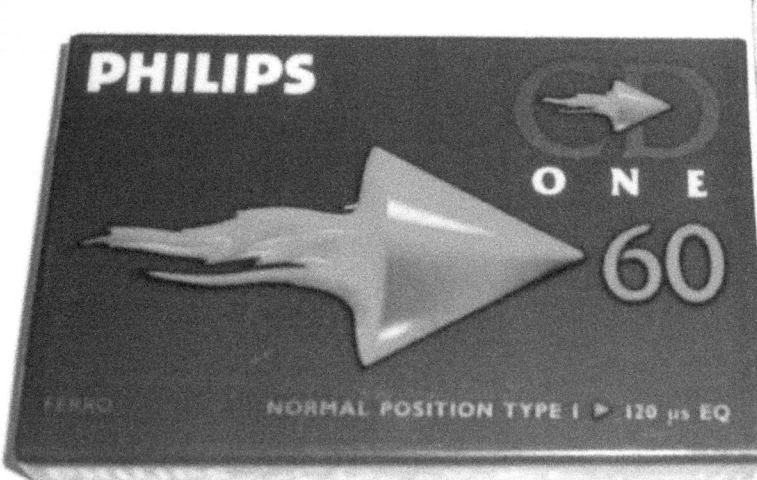

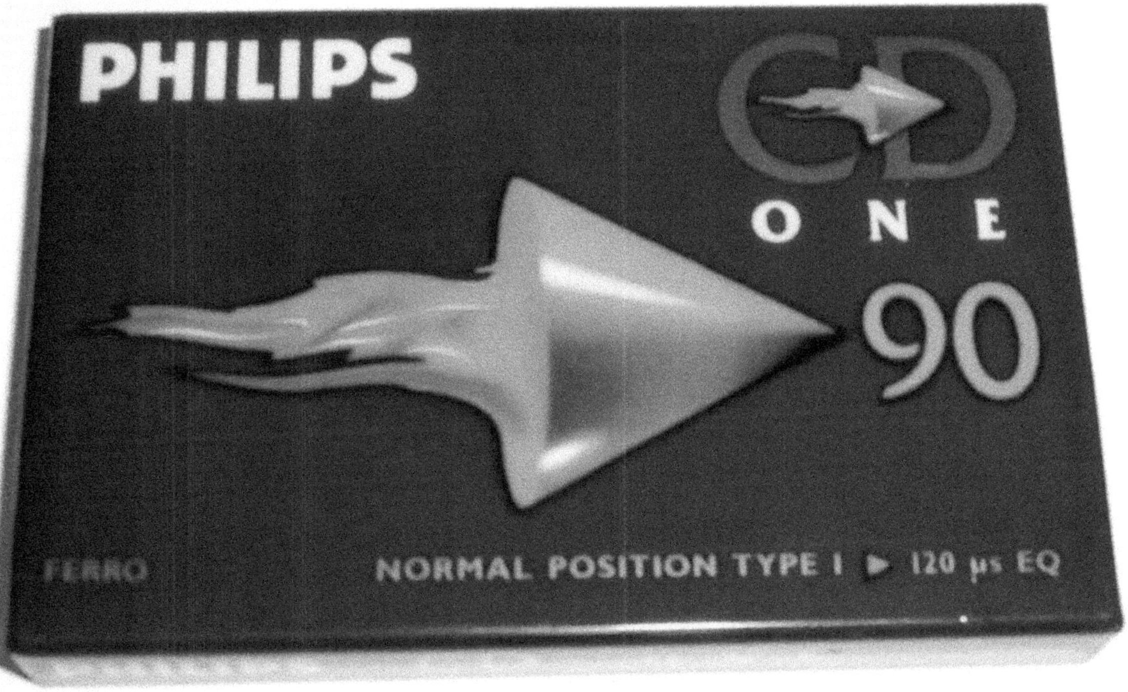

PHILIPS

CD ONE 90

FERRO NORMAL POSITION TYPE I ▶ 120 μs EQ

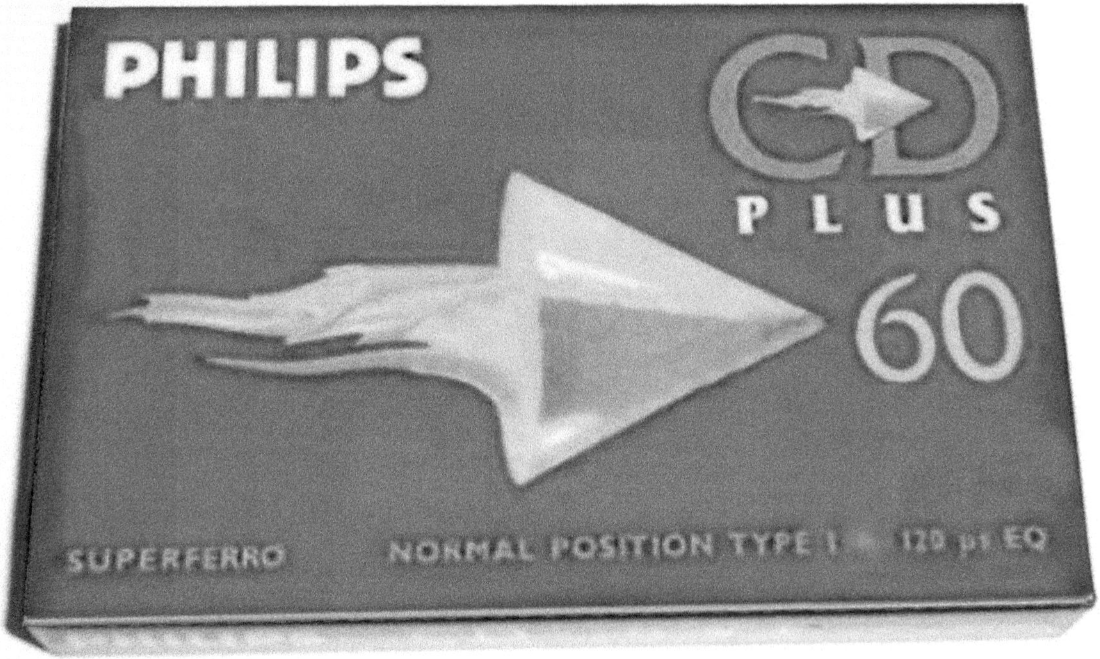

PHILIPS CD PLUS 60

SUPERFERRO NORMAL POSITION TYPE I 120 µs EQ

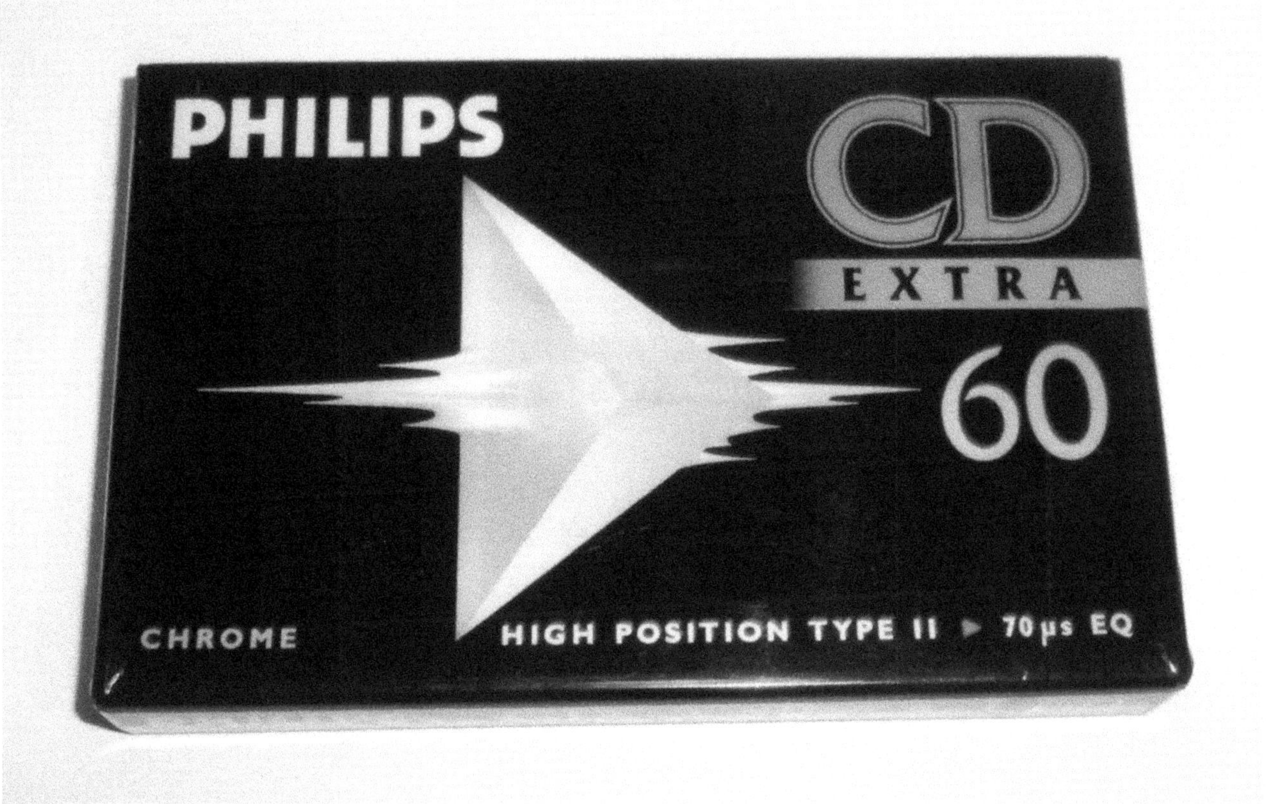

PHILIPS **CD EXTRA 60**

CHROME HIGH POSITION TYPE II ▶ 70 µs EQ

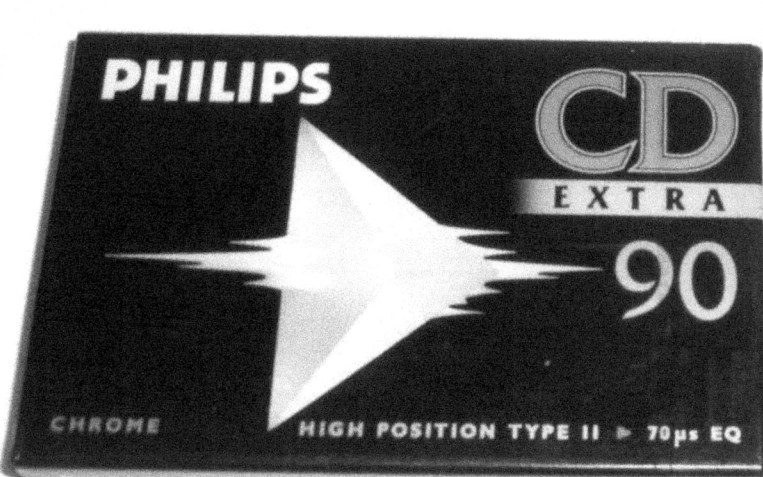

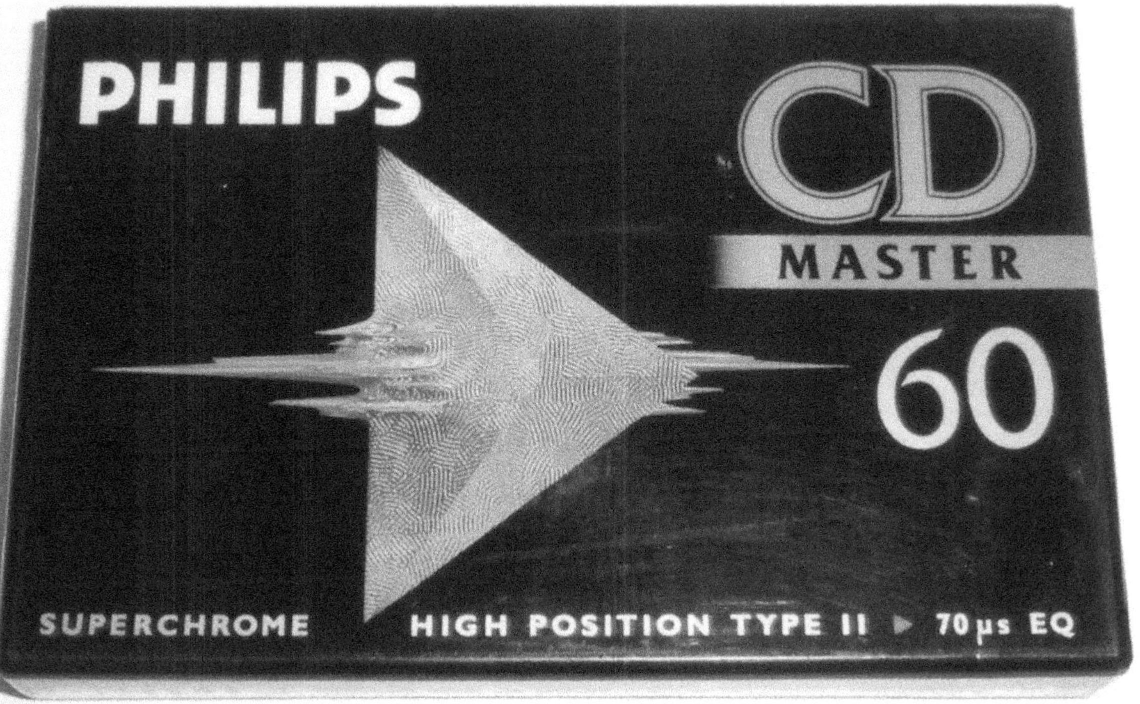

PHILIPS

CD MASTER 60

SUPERCHROME HIGH POSITION TYPE II ▶ 70μs EQ

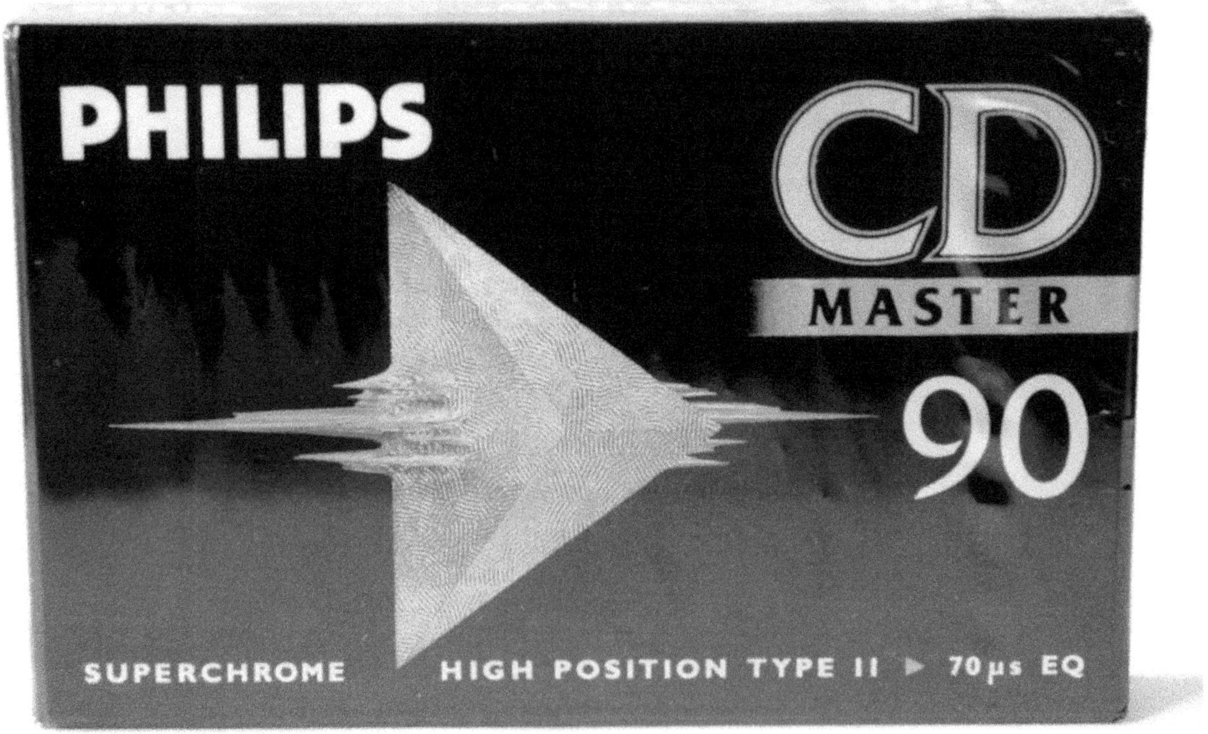

PHILIPS **CD MASTER 90**

SUPERCHROME   HIGH POSITION TYPE II ▶ 70µs EQ

1997 - 1999

PHILIPS CD plus 90
120 µs EQ type I ferro position
ferro+

PHILIPS CD plus 60
ferro position

Add to Compact Cassette Recorder

Add to Compact Cassette Recorder

Add to Compact Cassette Recorder

Add to Compact Cassette Recorder

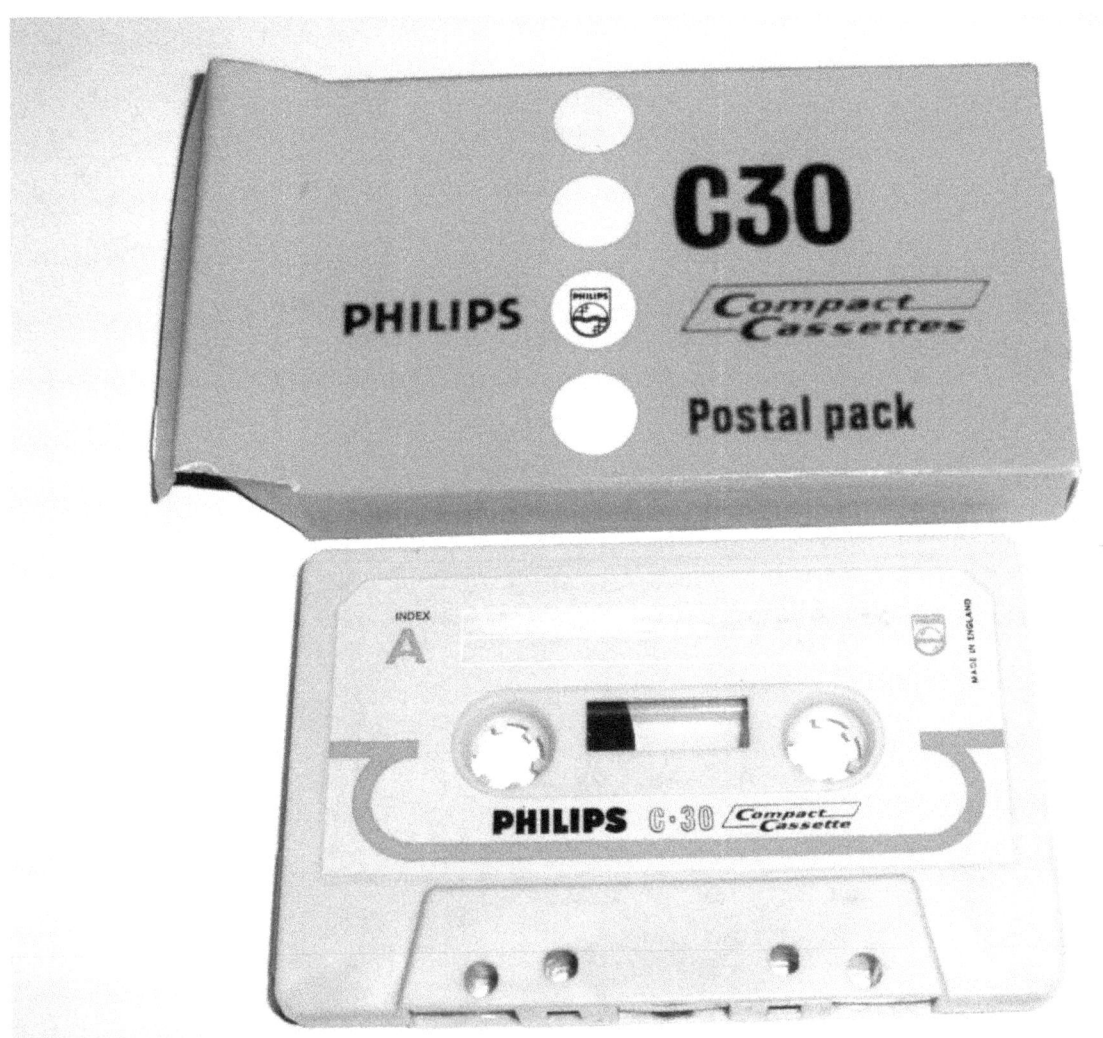

Add to Compact Cassette Recorder

NORELCO

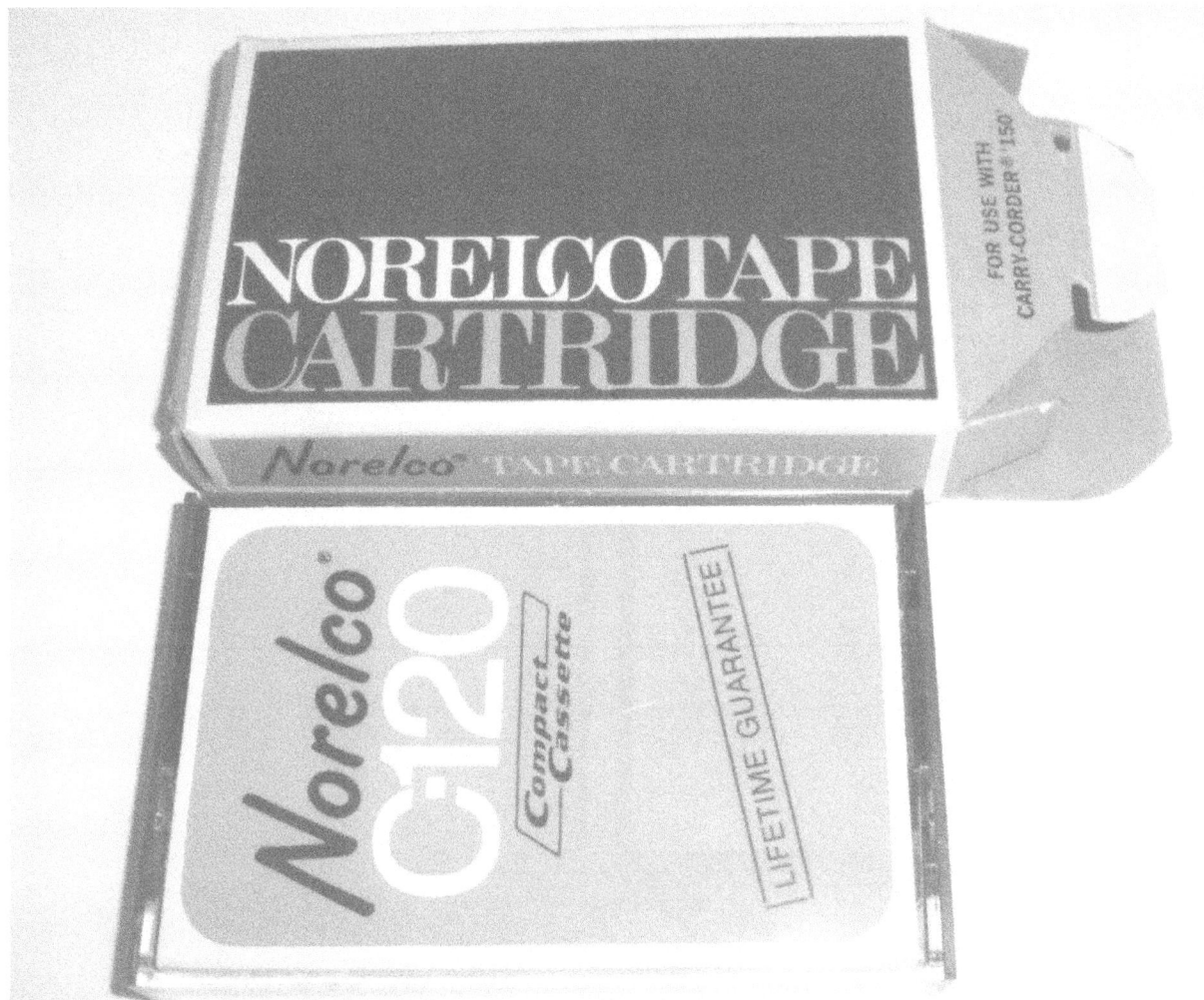

MERCURY

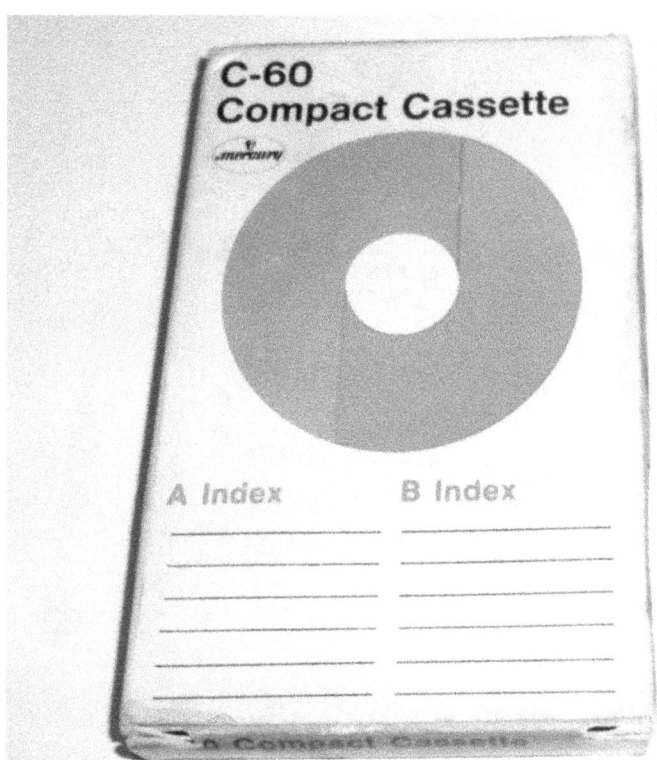 

Product of PHILIPS

Product of PHILIPS

Product of PHILIPS

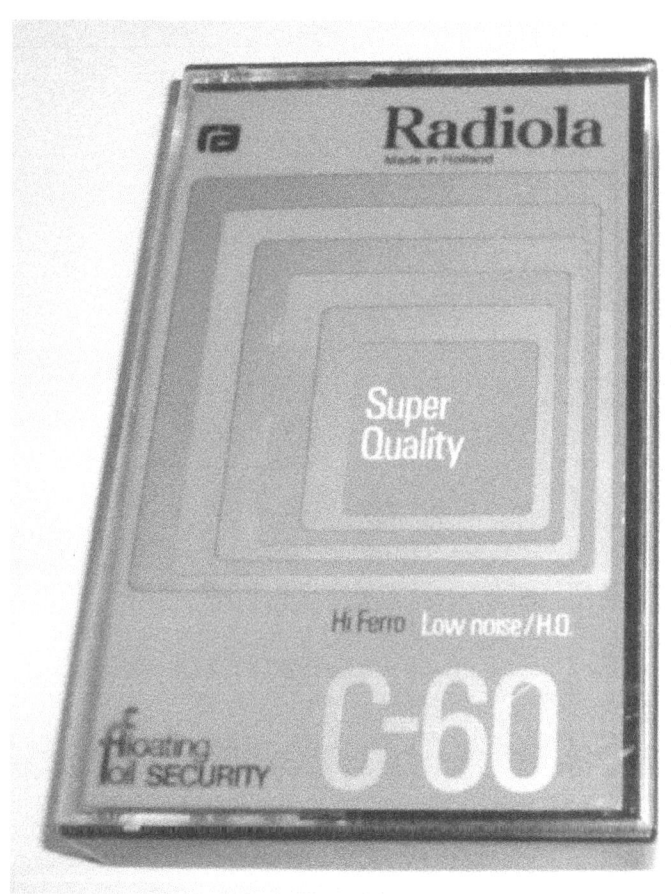

Product of PHILIPS

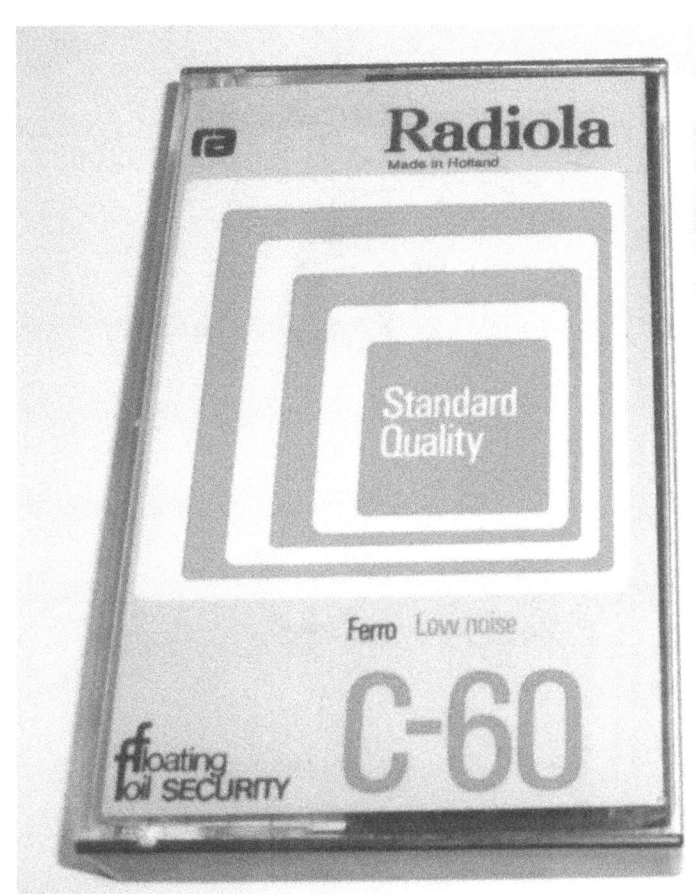 

Product of PHILIPS

Product of PHILIPS

Product of PHILIPS

Uwe H. Sültz

Compact Cassetten Meilensteine

ein Bildband mit einer Auswahl von A bis Z und von 1963 bis 2017

Dieser Bildband zeigt eine Auswahl an Compact Cassetten von A bis Z, von 1963 bis zum heutigen Tag. Aber auch morgen wird es Compact Cassetten geben, denn soeben sind die neu hergestellten Compact Cassetten von „AUDIO SERVICE" eingetroffen. Eine Nachfrage ergab, dass „AUDIO SERVICE" koreanisches Material benutzt. Davor wurde Magnetband von ECP ELECTROCHEMICAL PLANT verwendet, die mit der Produktionsausrüstung von BASF produzierte. Die Lieferung von Chrom war mit Schließung der EMTEC-Produktion in Ludwigshafen in 2004 zu Ende. Um an neue Compact Cassetten zu gelangen, ist AUDIO SERVICE eine Möglichkeit. Es gibt noch weitere Angebote. Auch neue Markenware kommt noch aus älteren Beständen auf den Markt. Bei original verpackter Ware zeigt die Preistendenz nach oben. Gebrauchte Ware ist ein Glücksspiel, je nachdem wie der Zustand des Bandmaterials ist. Übrigens spielen die weltersten PHILIPS Cassetten noch einwandfrei. Wobei einige günstigen aus den Nachfolgejahren von Anfang an unangenehme Laufgeräusche machten oder andere Probleme hatten.

Compact Cassetten Meilensteine
Ein Bildband mit PHILIPS-Cassetten von 1963 bis 1999

Geschichte:

Die erste Compact Cassette wurde 1963 von PHILIPS vorgestellt. Es handelte sich um die EL 1903. Sie war mit Schrauben und Muttern bestückt, hatte keine Löschnasen und war schwerer als nachfolgende Modelle der 1960/1970'er Jahre.

Das Band kam von BASF, ein sogenanntes FES 18-Band. Die Buchstabengruppe LGS und PES weisen auf den Aufbau des Bandes hin. Bei LGS steht das L für LUVITHERM, dem vorgereckten Kunststoffträger (PVC). Die Typenbezeichnung PES deutet durch die Buchstaben PE auf Polyester als Trägerfolie hin. Typ PES 18 ist das dünnste Band. Es wurde in erster Linie für tragbare Batteriegeräte entwickelt, auf denen nur Spulen mit kleinem Durchmesser verwendet werden.

Diese Geräte haben den für PES 18 notwendigen geringen Bandzug. Die Zahl hinter der Buchstabenreihe, bei PES 18 die 18, gibt die Gesamtdicke des Bandes (Träger plus Schicht) in tausendstel Millimeter an. Je dicker das Band ist, umso robuster ist es.

Somit ist das PES 18-Band, das in der weltersten PHILIPS Compact Cassette von BASF geliefert wurde,
nur 18 tausendstel Millimeter stark.

Die erste eigene BASF Compact Cassette brachte die BADISCHE ANILIN & SODA FABRIK 1966 auf den Markt. Ein neues BASF Logo wurde 1968 eingeführt, aus MAGNETOPHONBAND BASF wurde nur BASF, siehe Bilder.

Lou Ottens entwickelte damals den weltersten Compact Cassetten Recorder (Pocket-Recorder) PHILIPS EL 3300. Maßgeblich beteiligt im Team waren J.J.M. Schoenmakers und Peter van Sluis (die Urkassette EL 1903, den Recorder und den Mechanismus). Parallel wurde in Wien ein Einlochsystem hergestellt. Diese Einlochkassette ist in diesem Bildband ebenso zu finden, auch zerlegt, wie die EL 1903, auch zerlegt.

Die Einlochkassette wurde nie der Öffentlichkeit vorgestellt, PHILIPS entschied sich für das Zweilochprinzip, der zukünftigen Compact Cassette.

Am 8.1.1963 wurde die Compact Cassette EL 1903 vorgestellt.

PHILIPS wollte einen internationalen Namen, also „Compact Cassetten Recorder", alles mit „C" geschrieben. Außerdem waren sich andere Hersteller nicht einig. Der erste Recorder wurde am 30.8.1963 auf der Funkausstellung vorgestellt.

Der erste Verkauf war in der 42 Woche 1963, 14. Bis 20. Oktober. Ab November 1964 wurde der Recorder in Amerika von NORELCO vertrieben, CARRY CORDER 150. Hier legte man eine Cassette EL 1903 mit NORELCO-Aufdruck bei. 1965 stellte PHILIPS die Technologie allen zur Verfügung (mehr oder weniger unter Druck, da SONY eventuell eine Kooperation mit dem System DC-INTERNATIONAL von GRUNDIG eingegangen wäre. Die Vorteile lagen jedoch auf PHILIPS Seite, da die Compact Cassette kleiner war. Außerdem gab es Streitigkeiten über Lizenzgebühren. Um SONY zu gewinnen verzichtete PHILIPS auf Lizenzgebühren.). Gleichzeitig startete PHILIPS mit der 2. Compact Cassetten-Generation, EL 1903/118 D. Das war der Startschuss für die vielen Compact Cassetten (und noch viele mehr) in diesem Bildband. Wie gesagt, es ist eine Auswahl von A bis Z.

Ein weiterer Bildband wird fertig bespielte MusiCassetten zeigen. Danach erscheint ein Bildband über Service-Cassetten, zuvor aber ein Bildband über alle PHILIPS Cassetten von 1963 bis 1999. Später auch noch ein Cassetten-Recorder-Buch vom ersten PHILIPS Recorder EL 3300, über den ersten STEREO-Recorder von PHILIPS, EL 3312, bis zum ersten HiFi-Recorder von PHILIPS, N 2510.

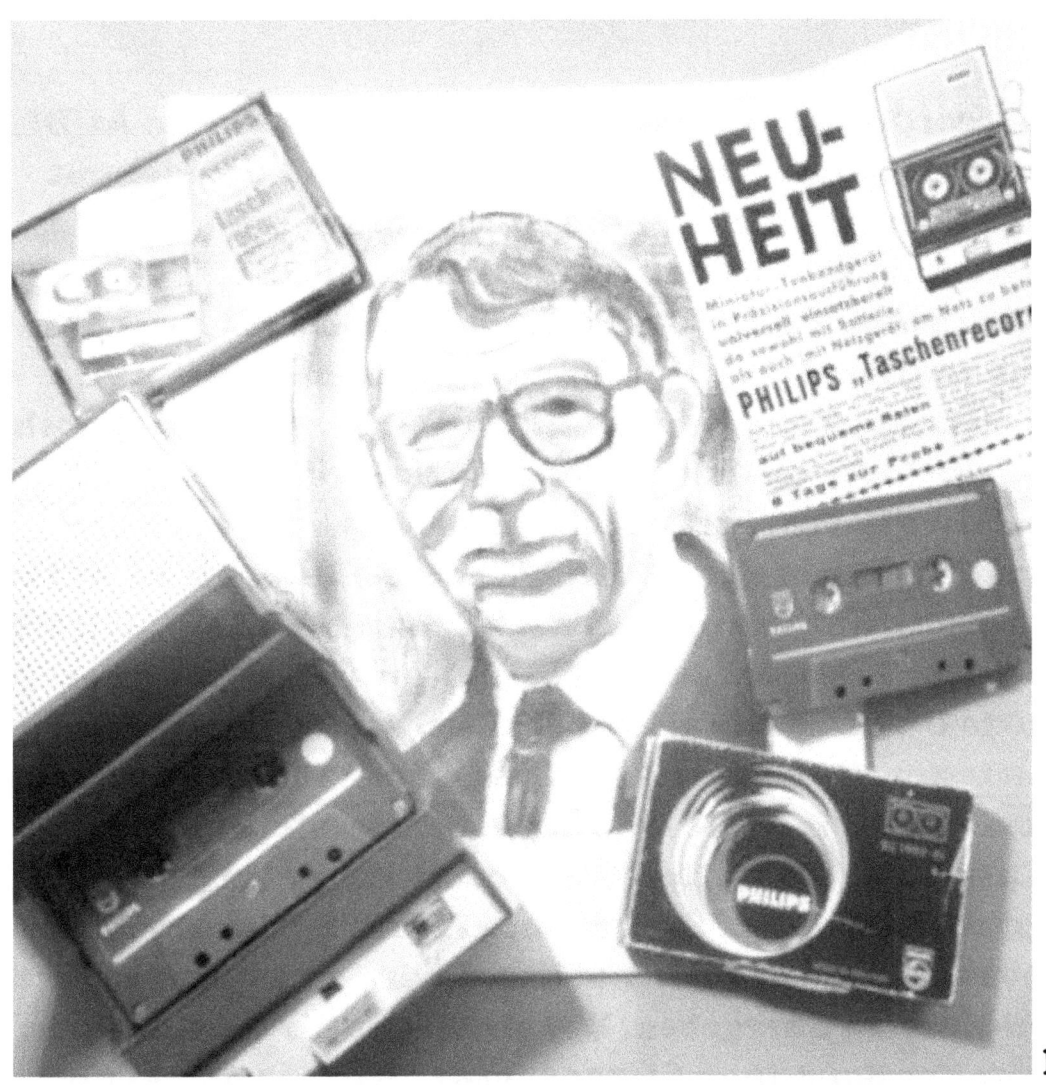

Lou Ottens

Über Uwe H. Sültz:

Sein erster Recorder war der ausrangierte EL 3300, der im AUDI 100 LS gute Dienste tat. Vater Heinz übergab den Recorder mit interessanten Bändern. U.a. war die welterste Tonaufnahme der Funkausstellung 1963 dabei, als ein Techniker den EL 3300 erklärte. Heinz Sültz, Radio- und Fernseh-Techniker-Meister war bei der Präsentation dabei. Uwe H Sültz hat diese und weitere Tonaufnahmen in YouTube veröffentlicht. Der EL 3300 hatte noch keine Geschwindigkeitseinstellung. Er lief von Mal zu Mal langsamer. Uwe H. erhöhte die Spannung. Noch bevor er den Recorder zerstörte, gab es einen PHILIPS Stereo-Recorder EL 3312. Der nächste Schritt war dann ein ELAC CD 400 (NAKAMICHI), bis zum NAKAMICHI Dragon. Im Radio- und Fernseh-Betrieb der Eltern hatte Uwe H. Sültz alle Möglichkeiten Cassetten und Recorder zu testen. So sind nach und nach über 10.000 Compact Cassetten (erste bis letzte verschiedener Hersteller) und MusiCassetten (die weltersten verschiedener Labels) zusammengetragen worden. Die gesamte PHILIPS-Sammlung von 1963 bis 1999 ist mehrfach vorhanden und wird zu gegebener Zeit dem PHILIPS-Museum übergeben. Das gleich gilt für die Recorder, ca. 100 Geräte der Baureihen EL 3300, 3301, 3302, 3310, 3312 bis zum HiFi N 2510 sind gesammelt und restauriert. Die veröffentlichten Bücher sollen an dieses Kulturgut erinnern und unseren Enkeln erklären, wozu wir einen Bleistift für die Compact Cassetten benötigten.

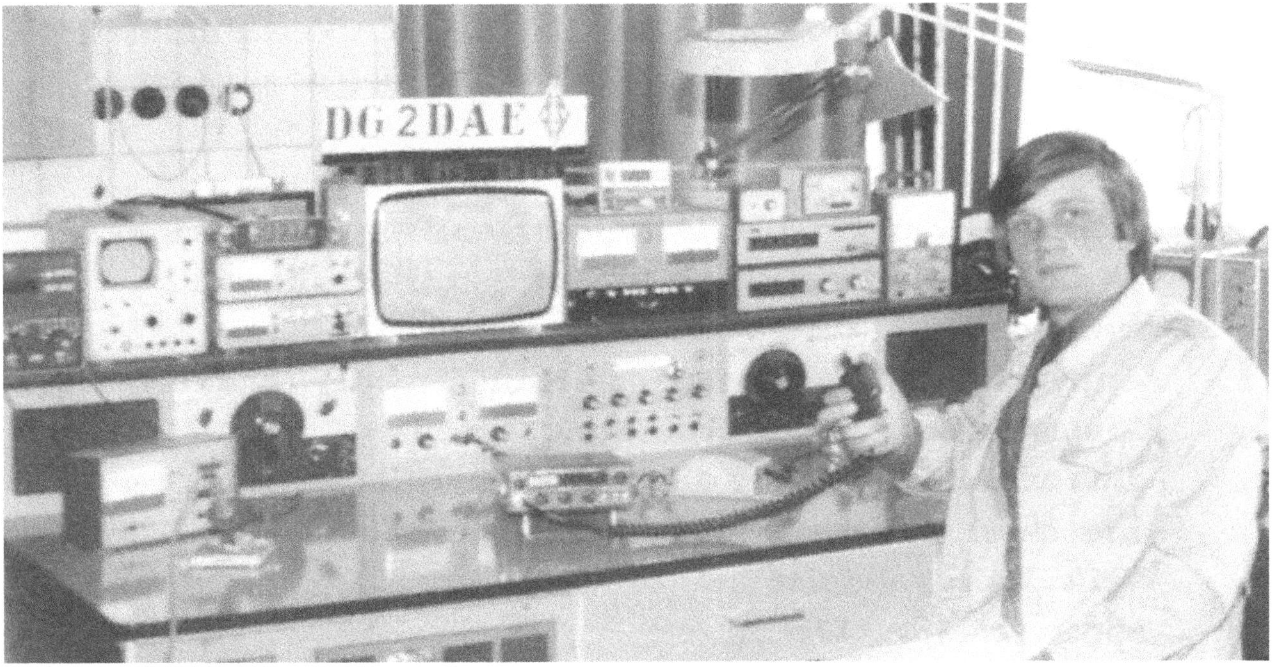

Demnächst:

Compact Cassetten Meilensteine
Ein Bildband mit Service-Cassetten und Geräten

Tipps:

- Cassetten regelmäßig umspulen
- Klebestellen zwischen Band und Vorspannband kontrollieren
- weißer Pilz schadet nicht, abwischen, umspulen, Folien säubern

- Neben dem Band ist auch die Gleitfolie ein Verschleißteil
- verklebte Gehäuse sind stabiler, lassen sich aber nicht öffnen
- verschraubte Gehäuse nachschrauben
- nicht senkrecht stehende Bandumlenkstege verursachen Azimutfehler, dann lieber nur die Bandführungsrollen benutzen
- Andruckfedern geben nach, nachbiegen oder erneuern
- Andruckfilze werden schmutzig, erneuern
- die Lackschicht, in der die Magnetpartikel eingebunden sind, ist nicht bei allen Herstellern gleich abriebfest, Köpfe, Welle, Rolle reinigen
- Laufwerk staubfrei halten
- Bandsalat entsteht durch elektrische Auflading der Gleitfolien, durch verschlissene Gleitfolien, durch verschmutzte Andruckrolle oder Welle, durch defektes aufwickeln (Kupplung)

Zum guten Schluss: Was ist aus dem ersten EL 3300 mit zu langsamer Geschwindigkeit geworden? Er ist restauriert und spielt einwandfrei in Uwe H. Sültz Porsche 356 aus dem Baujahr 1962.

Bereits auf dem Büchermarkt:

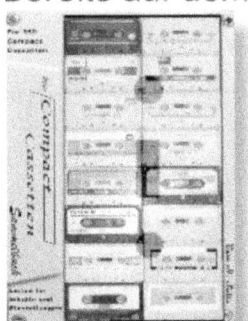   

Im Porsche spielt jetzt wieder ein PHILIPS EL 3300

Demnächst auf dem Büchermarkt:

  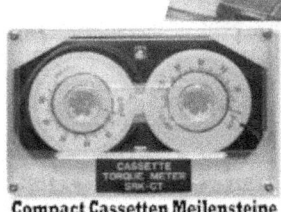

Compact Cassetten Meilensteine
Ein Bildband mit PHILIPS-Cassetten von 1963 bis 1999

Compact Cassetten Meilensteine
Ein Bildband mit Service-Cassetten und Geräten

Es werden nun Bilder der ersten PHILIPS Compact Cassette und der Einlochkassette gezeigt. Danach folgt eine Auswahl von A bis Z.

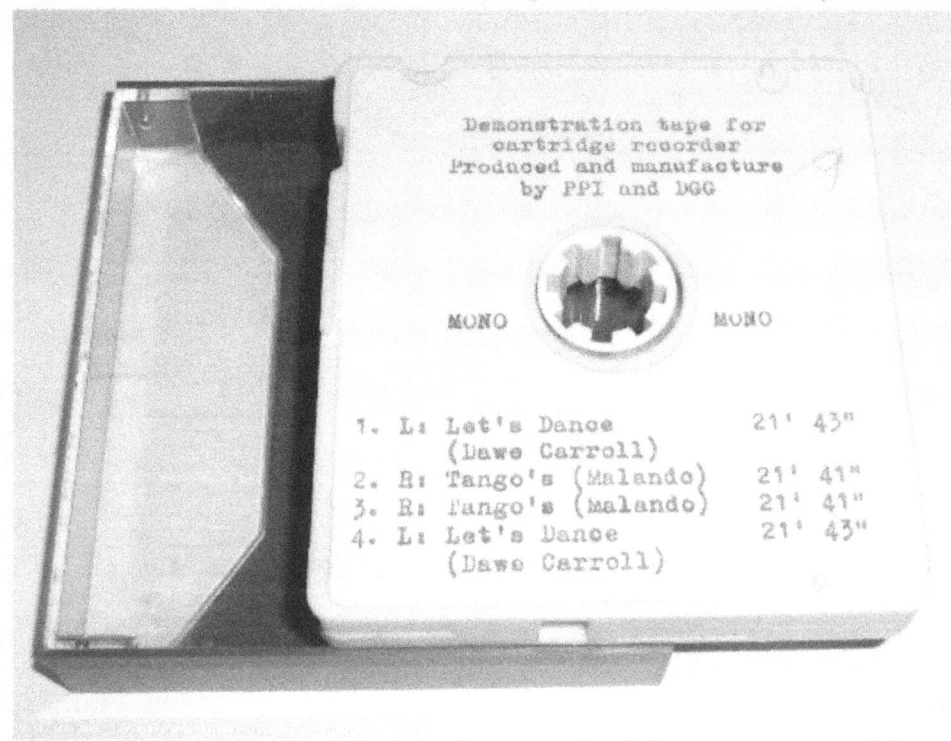

PHILIPS EINLOCHKASSETTE - Type: Normal
PHILIPS entschied sich für die vom Team Lou Ottens entwickelte Zweilochkassette, die zukünftig Compact Cassette genannt wurde

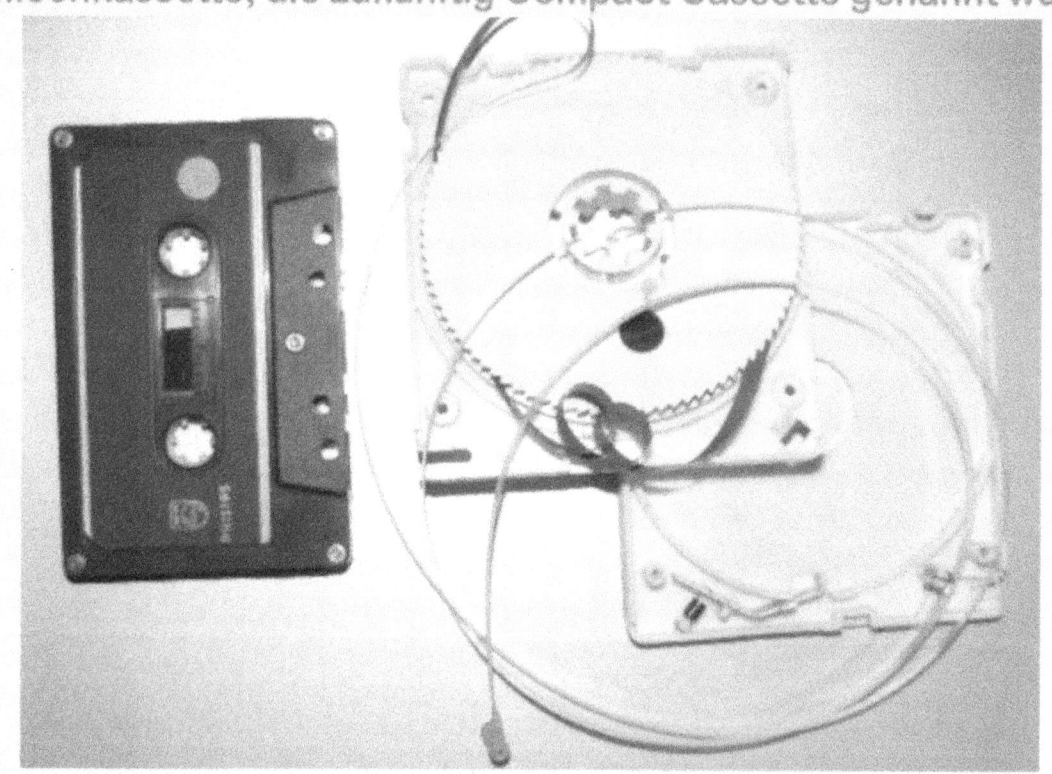

Uwe H. Sültz - Compact Cassetten Bücher

PHILIPS COMPACT CASSETTE EL 1903 - Type: Normal - Jahr: 1963

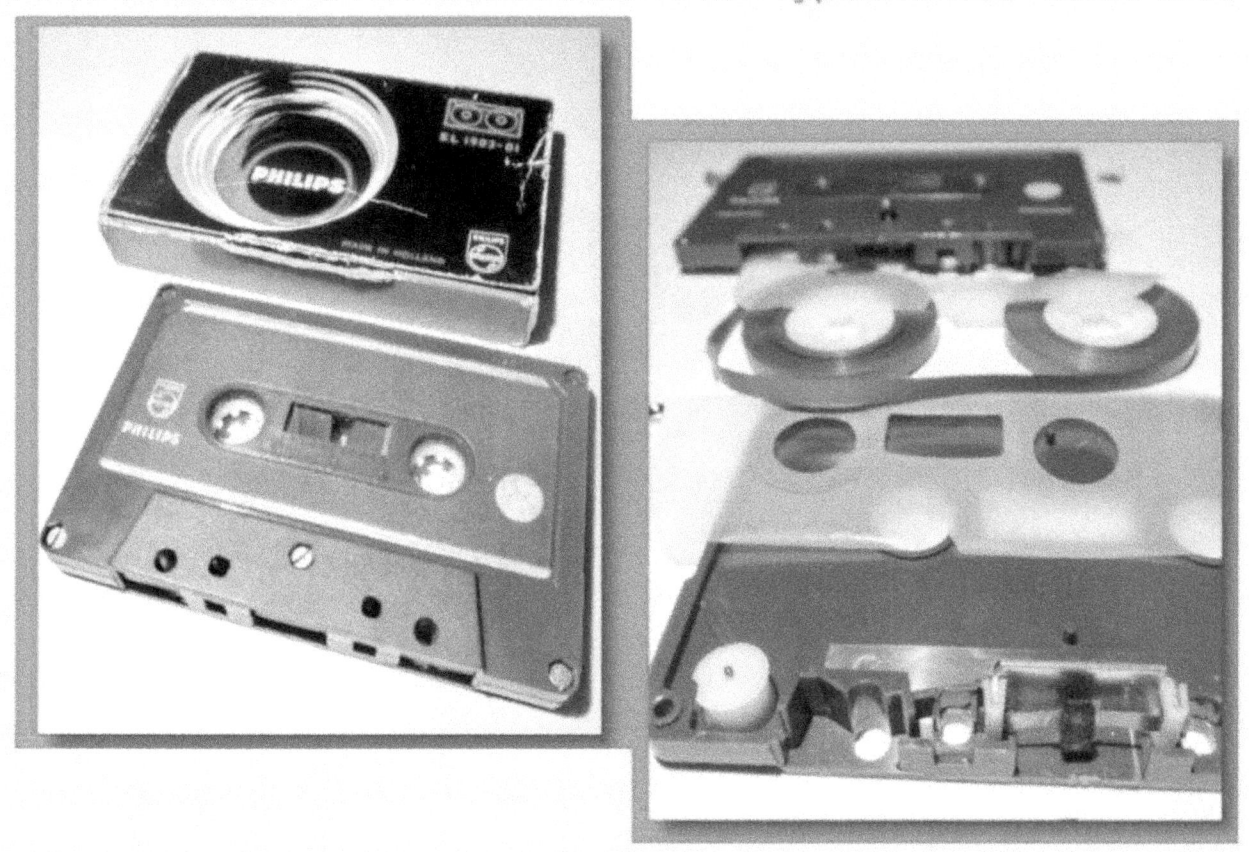

Uwe H. Sültz - Compact Cassetten Bücher

ABA Compact Cassette - Type: Normal

Uwe H. Sültz - Compact Cassetten Bücher

Eigene Informationen:

AGFA Compact Cassette - Type: Normal - Jahr: 1966

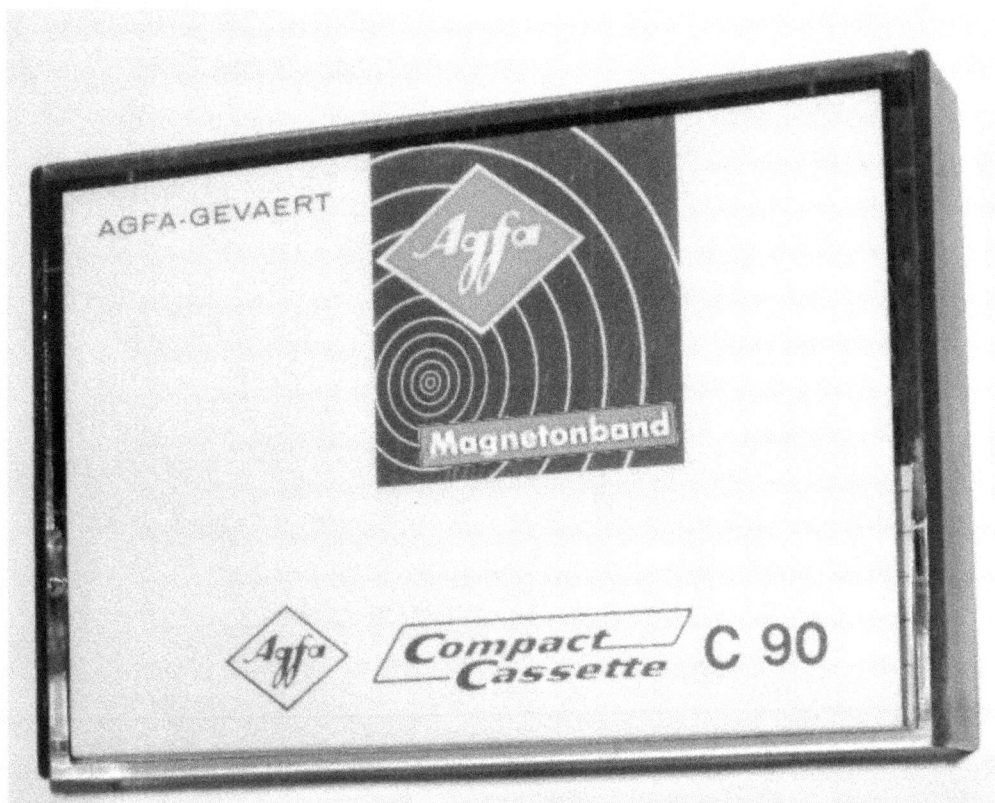

Uwe H. Sültz - Compact Cassetten Bücher

Eigene Informationen:

AGFA Compact Cassette - Type: Normal - Jahr: 1967

Uwe H. Sültz - Compact Cassetten Bücher

Eigene Informationen:

AGFA Compact Cassette - Type: Normal - Jahr: 1968

Uwe H. Sültz - Compact Cassetten Bücher

Eigene Informationen:

AGFA erste Chrom Compact Cassette - Type: Chrom - Jahr: 1971

Uwe H. Sültz - Compact Cassetten Bücher

Eigene Informationen:

AGFA Compact Cassette - Type: Metal - Jahr: 1984

Uwe H. Sültz - Compact Cassetten Bücher

Eigene Informationen:

AGFA Compact Cassette - Type: Chrom - Jahr: 1991

Uwe H. Sültz - Compact Cassetten Bücher

Eigene Informationen:

AGFA Compact Cassette - Type: Metal - Jahr: 1991

Uwe H. Sültz - Compact Cassetten Bücher

Eigene Informationen:

AIWA Compact Cassette - Type: Metal

Uwe H. Sültz - Compact Cassetten Bücher

Eigene Informationen:

AIWA Compact Cassette - Type: Normal

Uwe H. Sültz - Compact Cassetten Bücher

Eigene Informationen:

AKAI Compact Cassette - Type: Metal - Jahr: 1979

Uwe H. Sültz - Compact Cassetten Bücher

Eigene Informationen:

AKAI Compact Cassette - Type: Normal - Jahr: 1990

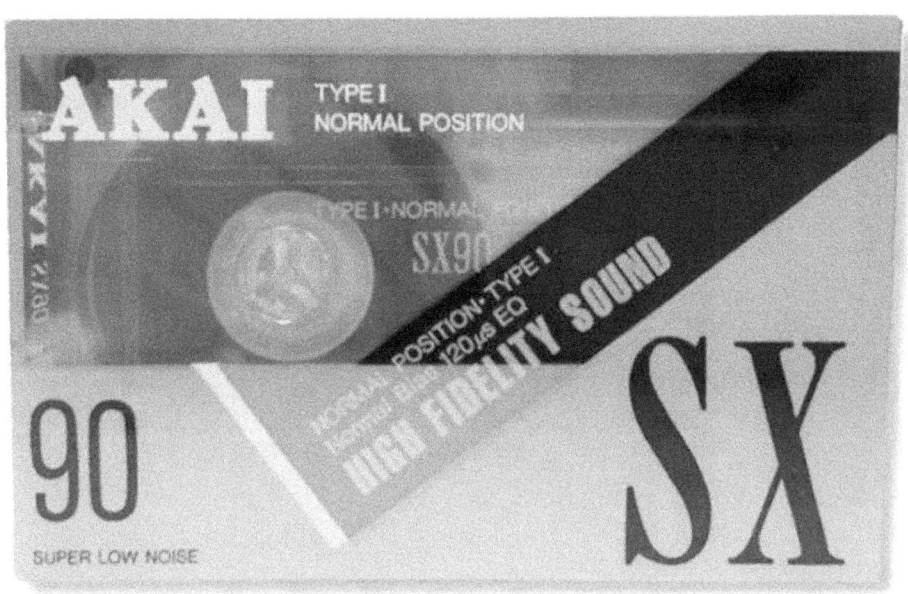

Uwe H. Sültz - Compact Cassetten Bücher

Eigene Informationen:

Uwe H. Sültz - Compact Cassetten Bücher

Eigene Informationen:

ALCON Compact Cassette - Type: Chrom

Uwe H. Sültz - Compact Cassetten Bücher

Eigene Informationen:

AMPEX Compact Cassette - Type: Normal

Uwe H. Sültz - Compact Cassetten Bücher

Eigene Informationen:

AMPEX Compact Cassette - Type: Normal

Uwe H. Sültz - Compact Cassetten Bücher

Eigene Informationen:

AudioMagnetics Compact Cassette - Type: Normal - Jahr: 1969

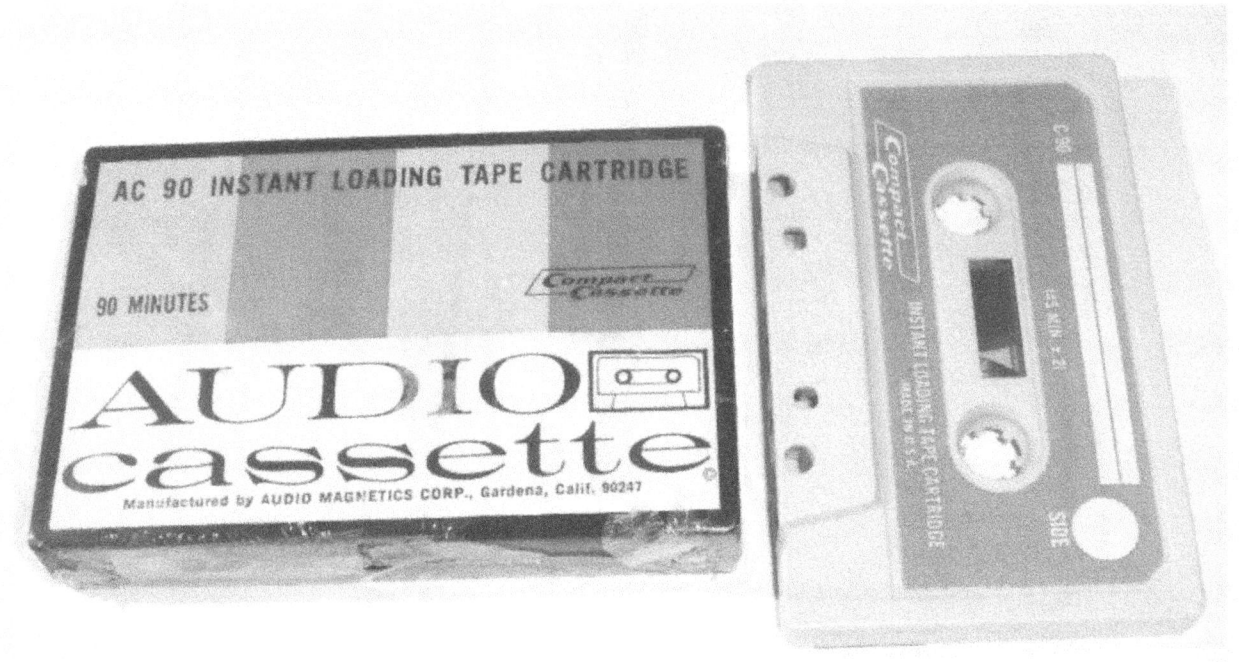

Uwe H. Sültz - Compact Cassetten Bücher

Eigene Informationen:

AudioMagnetics Compact Cassette - Type: Normal - Jahr: 1970

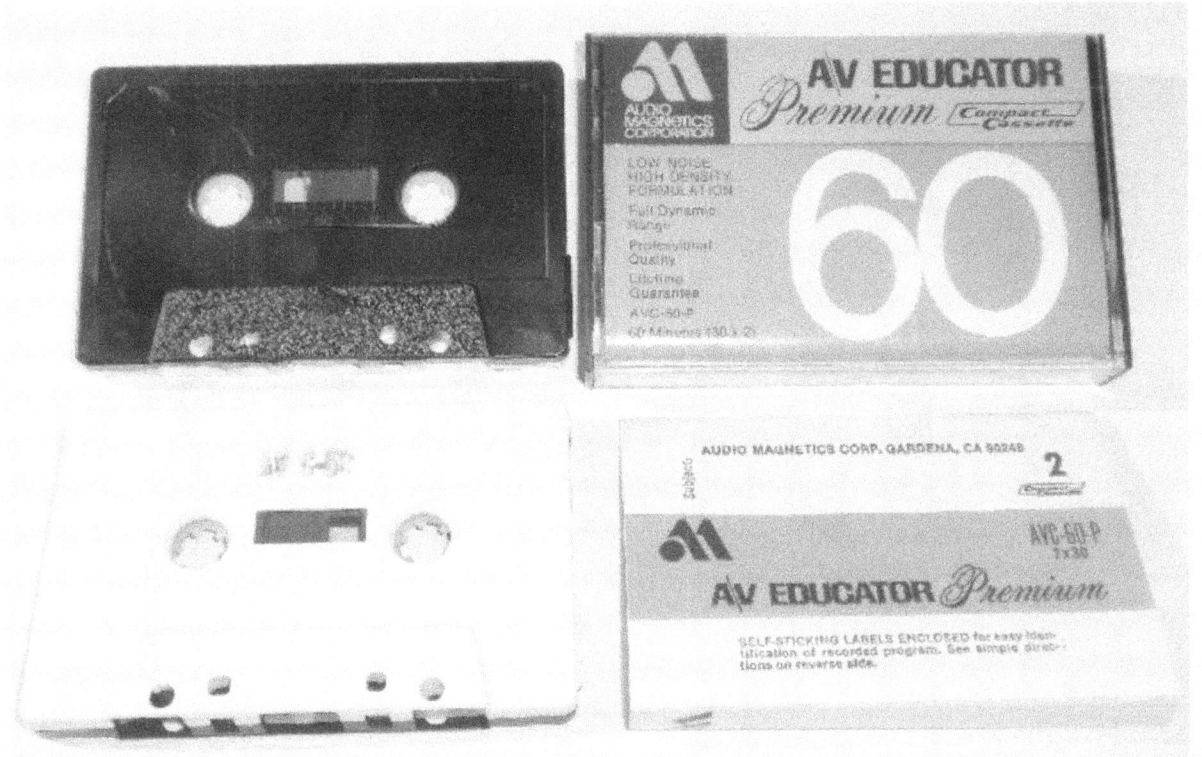

Uwe H. Sültz - Compact Cassetten Bücher

Eigene Informationen:

AudioMagnetics Compact Cassette - Type: Normal - Jahr: 1970

Uwe H. Sültz - Compact Cassetten Bücher

Eigene Informationen:

AudioMagnetics Compact Cassette - Type: Normal - Jahr: 1970

Uwe H. Sültz - Compact Cassetten Bücher

Eigene Informationen:

AudioMagnetics Compact Cassette - Type: Normal - Jahr: 1975

Uwe H. Sültz - Compact Cassetten Bücher

Eigene Informationen:

AudioMagnetics Compact Cassette - Type: Normal - Jahr: 1977

Uwe H. Sültz - Compact Cassetten Bücher

Eigene Informationen:

AudioMagnetics Compact Cassette - Type: Normal - Jahr: 1977

Uwe H. Sültz - Compact Cassetten Bücher

Eigene Informationen:

AudioMagnetics Compact Cassette - Type: Normal - Jahr: 1981

Uwe H. Sültz - Compact Cassetten Bücher

Eigene Informationen:

AUDIO CLUB Compact Cassette - Type: Chrom

Uwe H. Sültz - Compact Cassetten Bücher
Eigene Informationen:

AUDIO CLUB Compact Cassette - Type: Chrom

Uwe H. Sültz - Compact Cassetten Bücher

Eigene Informationen:

AUDIO CLUB Compact Cassette - Type: Normal

Uwe H. Sültz - Compact Cassetten Bücher

Eigene Informationen:

AUDIO CLUB Compact Cassette - Type: Normal

Uwe H. Sültz - Compact Cassetten Bücher

Eigene Informationen:

AUDIO CLUB Compact Cassette - Type: Normal

Uwe H. Sültz - Compact Cassetten Bücher

Eigene Informationen:

AUDIO SONIC Compact Cassette - Type: Normal

Uwe H. Sültz - Compact Cassetten Bücher

Eigene Informationen:

AUDIO SONIC Compact Cassette - Type: Normal

Uwe H. Sültz - Compact Cassetten Bücher

Eigene Informationen:

AUDIOGOLD Compact Cassette - Type: Normal

Uwe H. Sültz - Compact Cassetten Bücher

Eigene Informationen:

AUDIOSTAR Cassette - Type: Normal

Uwe H. Sültz - Compact Cassetten Bücher

Eigene Informationen:

AUDITION by AudioMagnetics Compact Cassette - Type: Normal

Uwe H. Sültz - Compact Cassetten Bücher

Eigene Informationen:

AUREX Compact Cassette - Type: Normal

Uwe H. Sültz - Compact Cassetten Bücher

Eigene Informationen:

AXIA FUJI Compact Cassette - Type: Normal - Jahr: 1992

Uwe H. Sültz - Compact Cassetten Bücher

Eigene Informationen:

AXIA FUJI Compact Cassette - Type: Normal - Jahr: 1995

Uwe H. Sültz - Compact Cassetten Bücher
Eigene Informationen:

AXIA FUJI Compact Cassette - Type: Chrom - Jahr: 2001

Uwe H. Sültz - Compact Cassetten Bücher

Eigene Informationen:

AXIA / FUJI Compact Cassette - Type: Chrom - Jahr: 2006

Uwe H. Sültz - Compact Cassetten Bücher

Eigene Informationen:

BANG & OLUFSEN Compact Cassette - Type: Normal

Uwe H. Sültz - Compact Cassetten Bücher
Eigene Informationen:

BASF Compact Cassette - Type: Normal - Jahr: 1966

Uwe H. Sültz - Compact Cassetten Bücher
Eigene Informationen:

Uwe H. Sültz - Compact Cassetten Bücher

Eigene Informationen:

BASF Compact Cassette - Type: Normal - Jahr: 1970

Uwe H. Sültz - Compact Cassetten Bücher
Eigene Informationen:

BASF Compact Cassette - Type: Ferrochrom - Jahr: 1976

Uwe H. Sültz - Compact Cassetten Bücher

Eigene Informationen:

BASF Compact Cassette - Type: Chrom - Jahr: 1981

Uwe H. Sültz - Compact Cassetten Bücher

Eigene Informationen:

BASF Compact Cassette - Type: Chrom - Jahr: 1983

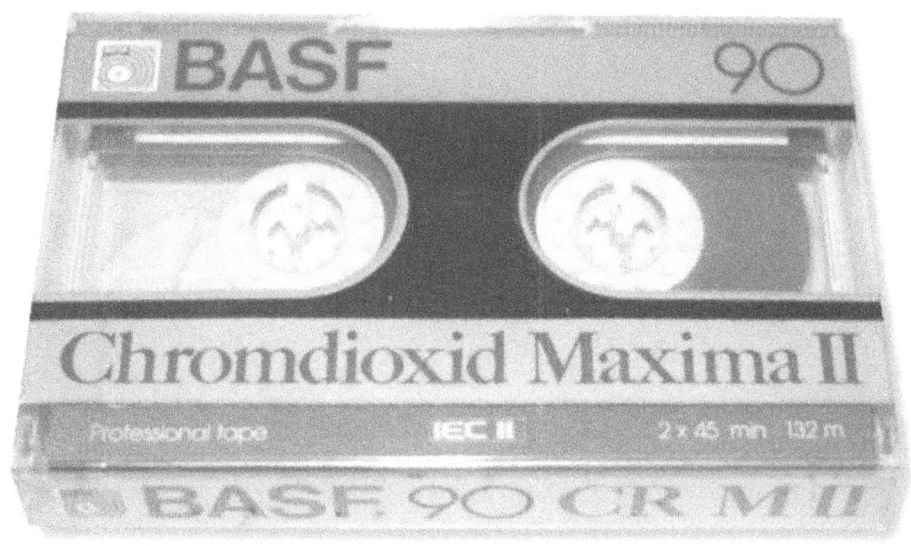

Uwe H. Sültz - Compact Cassetten Bücher

Eigene Informationen:

BASF EMTEC Compact Cassette - Type: Normal - Jahr: 1998

Uwe H. Sültz - Compact Cassetten Bücher

Eigene Informationen:

BBC Compact Cassette - Typ: Normal

Uwe H. Sültz - Compact Cassetten Bücher

Eigene Informationen:

Uwe H. Sültz - Compact Cassetten Bücher

Eigene Informationen:

BUDWEISER Compact Cassetten - Type: Normal

Uwe H. Sültz - Compact Cassetten Bücher

Eigene Informationen:

BOURTONE Compact Cassette - Type: Normal

Uwe H. Sültz - Compact Cassetten Bücher

Eigene Informationen:

BUSH Compact Cassetten - Type: Normal

Uwe H. Sültz - Compact Cassetten Bücher
Eigene Informationen:

CARRERA Compact Cassette - Type: Chrom

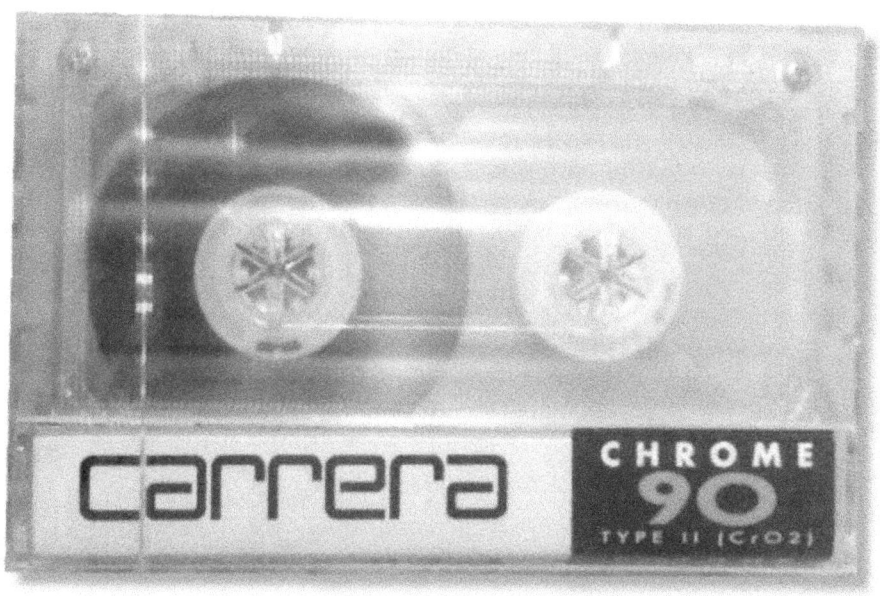

Uwe H. Sültz - Compact Cassetten Bücher

Eigene Informationen:

CBS SONY Compact Cassette - Type: Normal

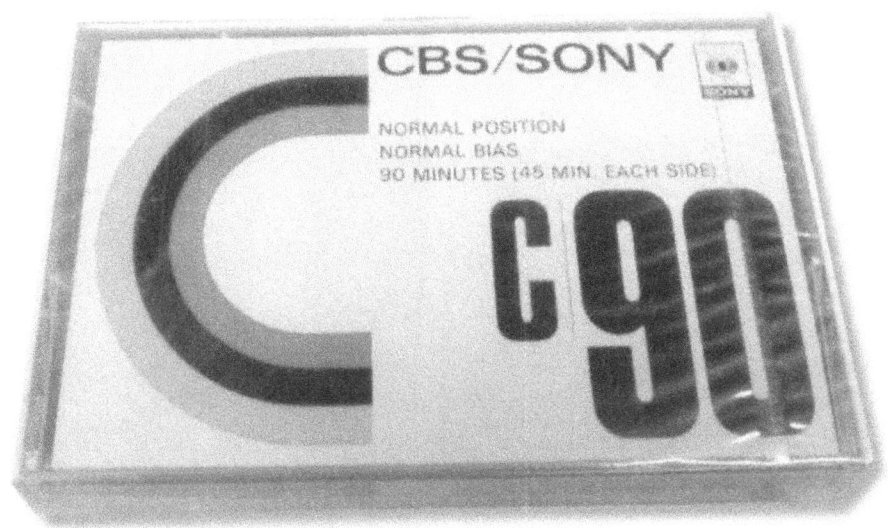

Uwe H. Sültz - Compact Cassetten Bücher

Eigene Informationen:

CHROM Compact Cassette - Type: Chrom

Uwe H. Sültz - Compact Cassetten Bücher

Eigene Informationen:

CITIZEN Compact Cassette - Type: Chrom

Uwe H. Sültz - Compact Cassetten Bücher

Eigene Informationen:

COLUMBIA Compact Cassette - Type: Normal - Jahr: 1973

Uwe H. Sültz - Compact Cassetten Bücher

Eigene Informationen:

COLUMBIA Compact Cassette - Type: Normal - Jahr: 1976

Uwe H. Sültz - Compact Cassetten Bücher

Eigene Informationen:

COLUMBIA Compact Cassette - Type: Normal - Jahr: 1978

Uwe H. Sültz - Compact Cassetten Bücher

Eigene Informationen:

Compact Cassetten - Type: Normal

Uwe H. Sültz - Compact Cassetten Bücher

Eigene Informationen:

Compact Cassette - Type: Normal

Uwe H. Sültz - Compact Cassetten Bücher

Eigene Informationen:

Compact Cassette - Type: Chrom

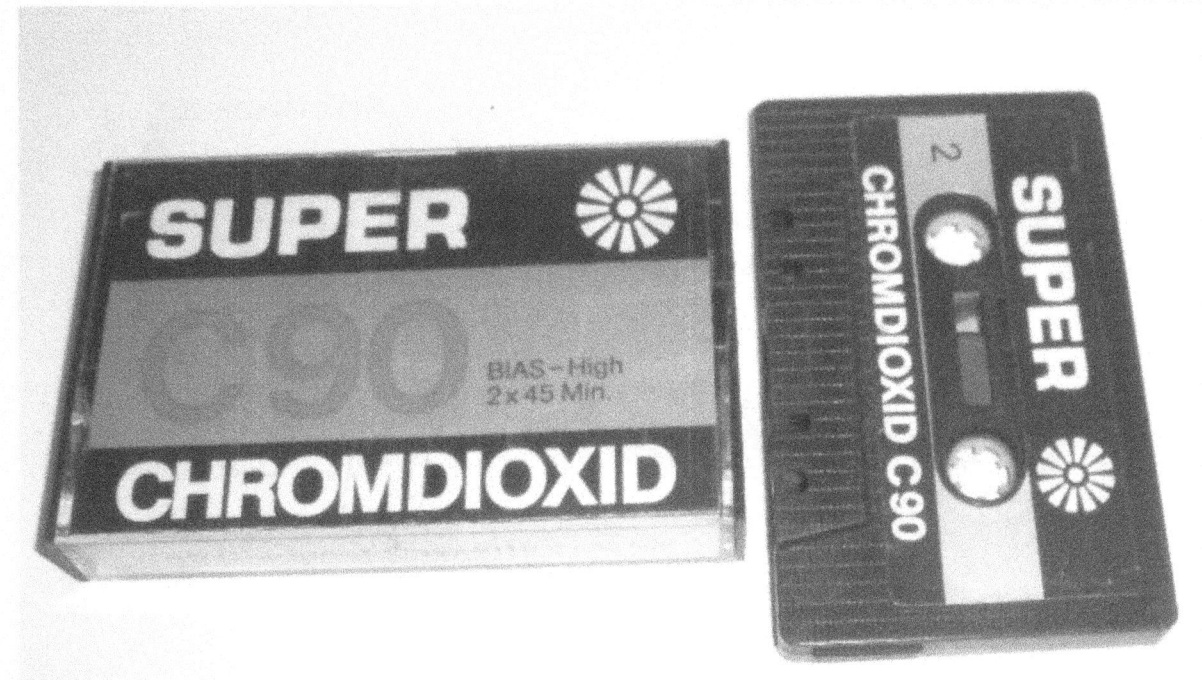

Uwe H. Sültz - Compact Cassetten Bücher

Eigene Informationen:

Uwe H. Sültz - Compact Cassetten Bücher

Eigene Informationen:

Compact Cassette - Type: Normal

Uwe H. Sültz - Compact Cassetten Bücher

Eigene Informationen:

Compact Cassette - Type: Normal

Uwe H. Sültz - Compact Cassetten Bücher

Eigene Informationen:

CONTONA MUSIC Cassette - Type: Normal

Uwe H. Sültz - Compact Cassetten Bücher

Eigene Informationen:

Uwe H. Sültz - Compact Cassetten Bücher

Eigene Informationen:

CROWN Compact Cassette - Type: Normal

Uwe H. Sültz - Compact Cassetten Bücher

Eigene Informationen:

CURRYS PHILIPS Compact Cassette - Type: Normal

Uwe H. Sültz - Compact Cassetten Bücher

Eigene Informationen:

DA CAPO Compact Cassette - Type: Normal

Uwe H. Sültz - Compact Cassetten Bücher

Eigene Informationen:

Daimon Compact Cassette - Type: Chrom

Uwe H. Sültz - Compact Cassetten Bücher

Eigene Informationen:

Daimon Compact Cassette - Type: Normal

Uwe H. Sültz - Compact Cassetten Bücher

Eigene Informationen:

DECCA Compact Cassette - Type: Normal

Uwe H. Sültz - Compact Cassetten Bücher

Eigene Informationen:

DENON Compact Cassette - Type: Normal - Jahr: 1978

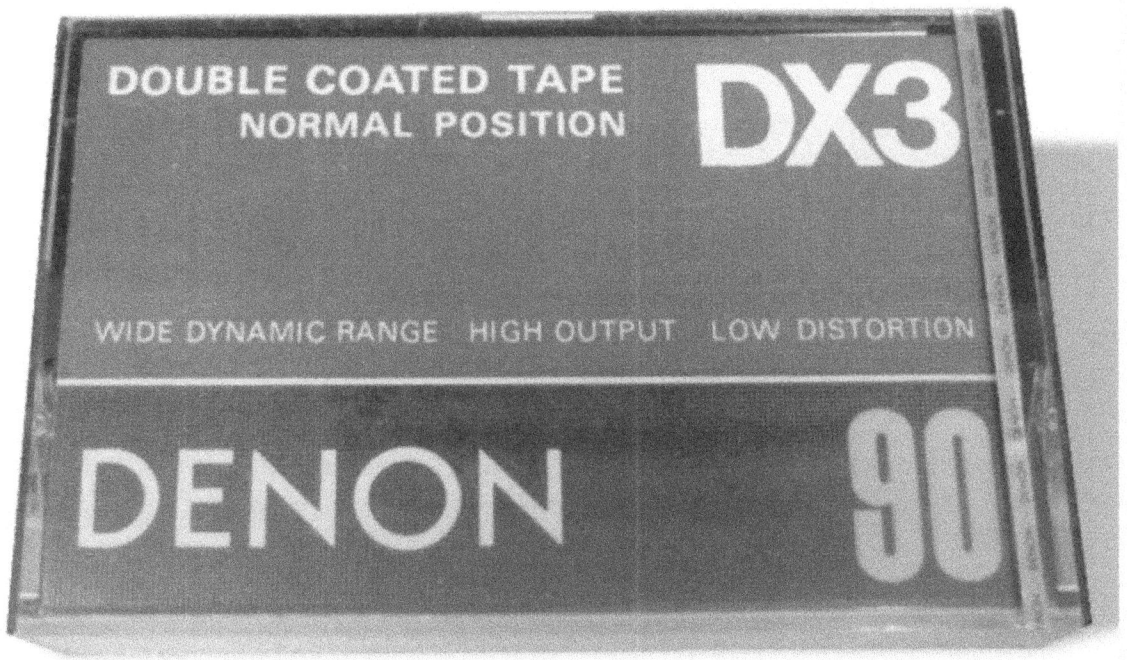

Uwe H. Sültz - Compact Cassetten Bücher

Eigene Informationen:

DENON Compact Cassette - Type: Chrom - Jahr: 1985

Uwe H. Sültz - Compact Cassetten Bücher

Eigene Informationen:

DENON Compact Cassette - Type: Normal - Jahr: 1992

Uwe H. Sültz - Compact Cassetten Bücher

Eigene Informationen:

DENON Compact Cassette - Type: Chrom - Jahr: 1997

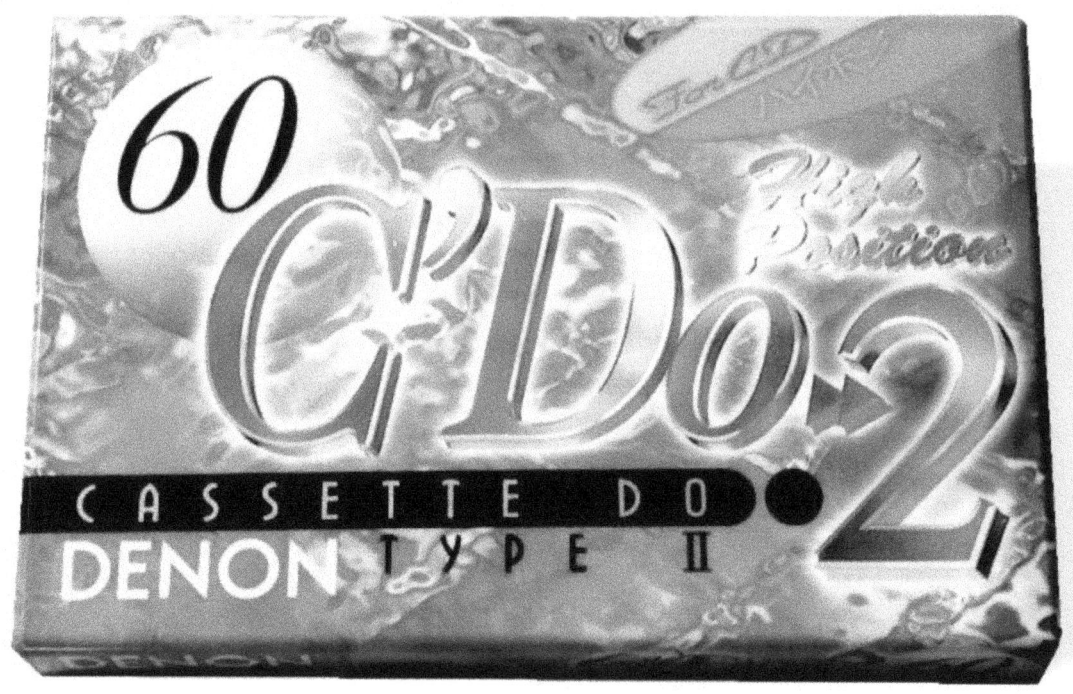

Uwe H. Sültz - Compact Cassetten Bücher

Eigene Informationen:

DENON Compact Cassette - Type: Normal - Jahr: 1997

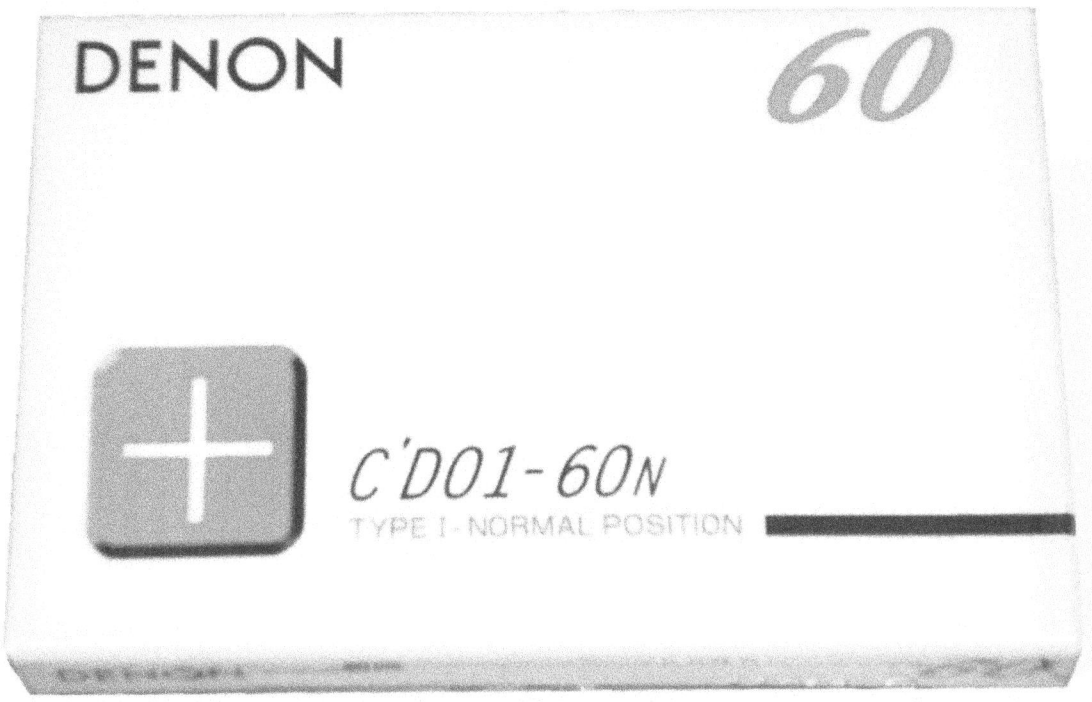

Uwe H. Sültz - Compact Cassetten Bücher

Eigene Informationen:

DENON Compact Cassetten - Type: Chrom

Uwe H. Sültz - Compact Cassetten Bücher

Eigene Informationen:

DENON Compact Cassetten - Type: METAL

Uwe H. Sültz - Compact Cassetten Bücher

Eigene Informationen:

DIGITECH Compact Cassette - Type: Normal

Uwe H. Sültz - Compact Cassetten Bücher
Eigene Informationen:

DREAMS Compact Cassette - Type: Normal

Uwe H. Sültz - Compact Cassetten Bücher

Eigene Informationen:

DREAMS Compact Cassette - Type: Normal

Uwe H. Sültz - Compact Cassetten Bücher

Eigene Informationen:

EDEKA MEGA SOUND Compact Cassette - Type: Chrom

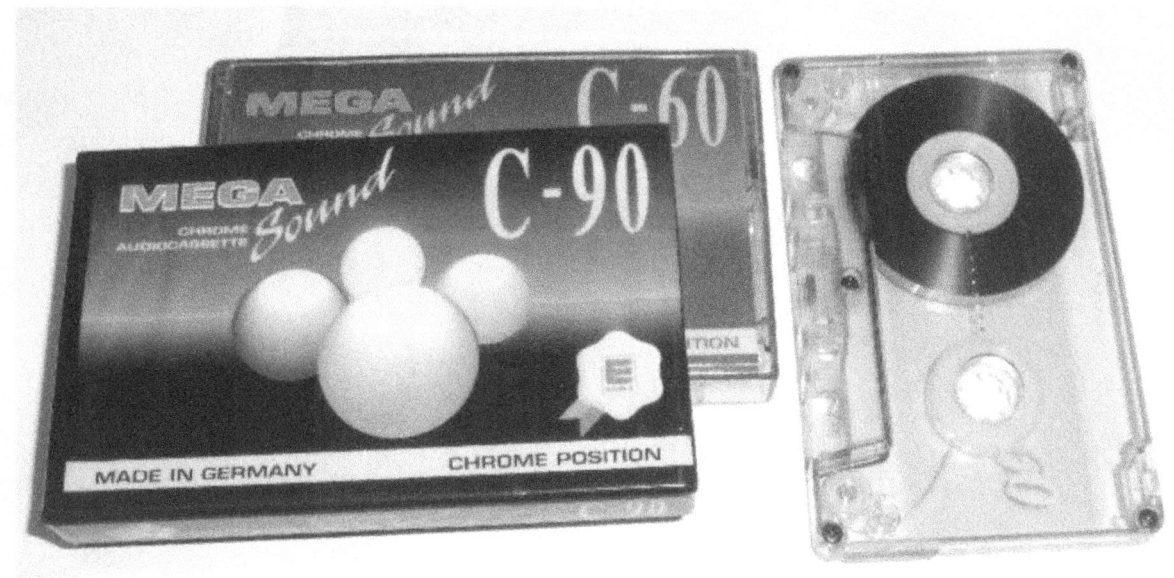

Uwe H. Sültz - Compact Cassetten Bücher

Eigene Informationen:

ELAC Test COMPACT CASSETTE - Type: Chrom - Jahr: 1973

Uwe H. Sültz - Compact Cassetten Bücher

Eigene Informationen:

ELECTRONIC PARTNER Compact Cassette - Type: Ferro

Uwe H. Sültz - Compact Cassetten Bücher

Eigene Informationen:

ELTROPA Compact Cassette - Type: Chrom

Uwe H. Sültz - Compact Cassetten Bücher

Eigene Informationen:

ELTROPA Compact Cassette - Type: Normal

Uwe H. Sültz - Compact Cassetten Bücher

Eigene Informationen:

EMI LOW NOISE Compact Cassette - Type: Normal

Uwe H. Sültz - Compact Cassetten Bücher

Eigene Informationen:

EMTEC Compact Cassette - Type: Chrom - Jahr: 2003

Uwe H. Sültz - Compact Cassetten Bücher

Eigene Informationen:

EUROPA Compact Cassette - Type: Ferro

Uwe H. Sültz - Compact Cassetten Bücher

Eigene Informationen:

EUROPA Compact Cassette - Type: Normal

Uwe H. Sültz - Compact Cassetten Bücher

Eigene Informationen:

EXCLUSIV WOOLWORTH Compact Cassette - Type: Normal und Chrom

Uwe H. Sültz - Compact Cassetten Bücher

Eigene Informationen:

FANTACOX Compact Cassette - Type: Normal

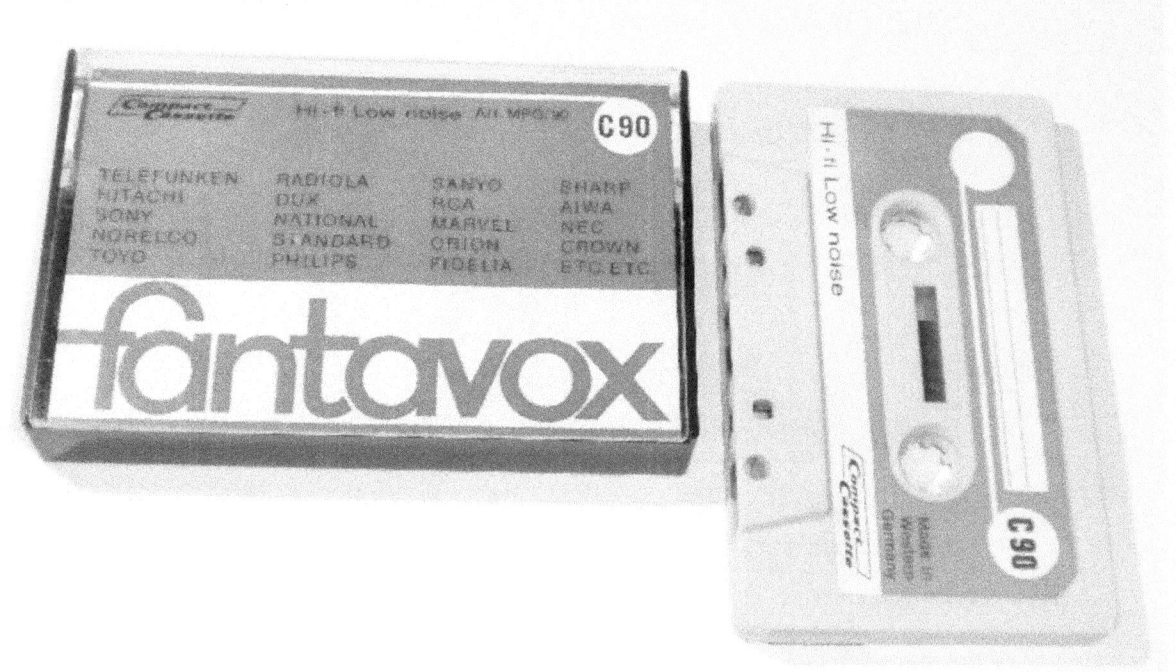

Uwe H. Sültz - Compact Cassetten Bücher

Eigene Informationen:

FISHER Compact Cassette - Type: Chrom

Uwe H. Sültz - Compact Cassetten Bücher
Eigene Informationen:

FUJI LOW NOISE Compact Cassette - Type: Normal - Jahr: 1969

Uwe H. Sültz - Compact Cassetten Bücher

Eigene Informationen:

FUJI FR METAL Compact Cassette - Type: Metal - Jahr: 1985

Uwe H. Sültz - Compact Cassetten Bücher

Eigene Informationen:

FUJI Compact Cassette - Type: Normal - Jahr: 1999

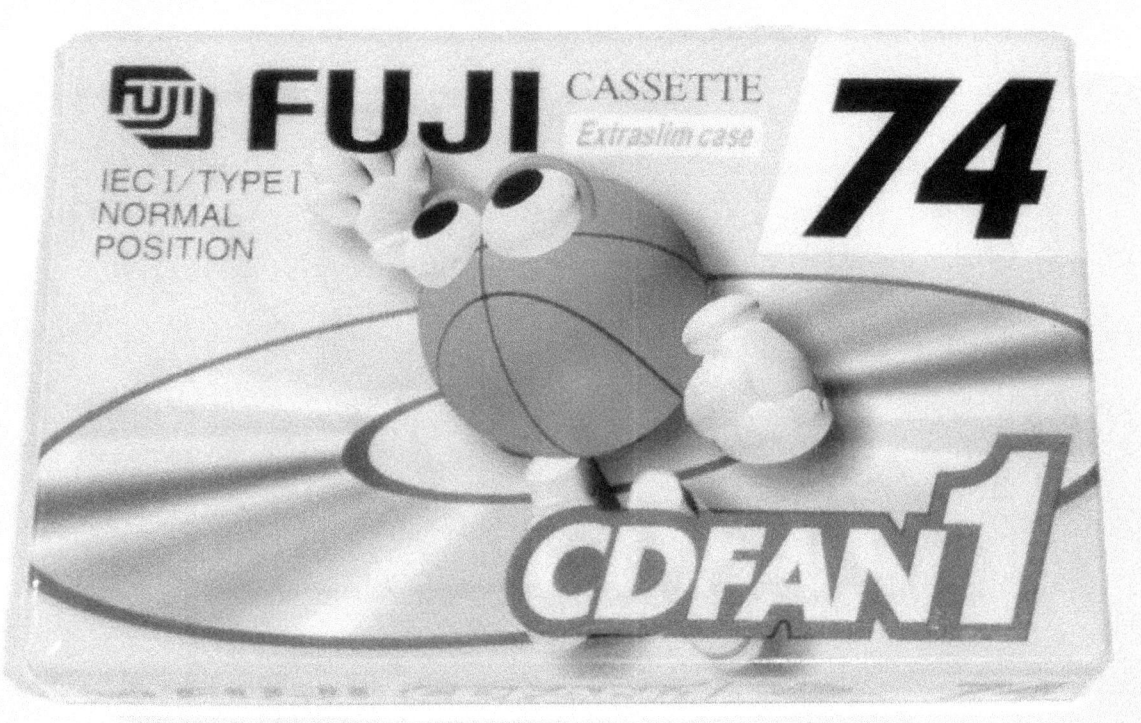

Uwe H. Sültz - Compact Cassetten Bücher
Eigene Informationen:

FUJI Compact Cassette - Type: DR Normal DR II Chrom - Jahr: 2000

Uwe H. Sültz - Compact Cassetten Bücher

Eigene Informationen:

FUJI Compact Cassette - Type: DR Normal DR II Chrom - Jahr: 2003

Uwe H. Sültz - Compact Cassetten Bücher

Eigene Informationen:

FUJI Compact Cassetten - Type: Normal

Uwe H. Sültz - Compact Cassetten Bücher

Eigene Informationen:

FUJITSU Compact Cassette - Type: Normal

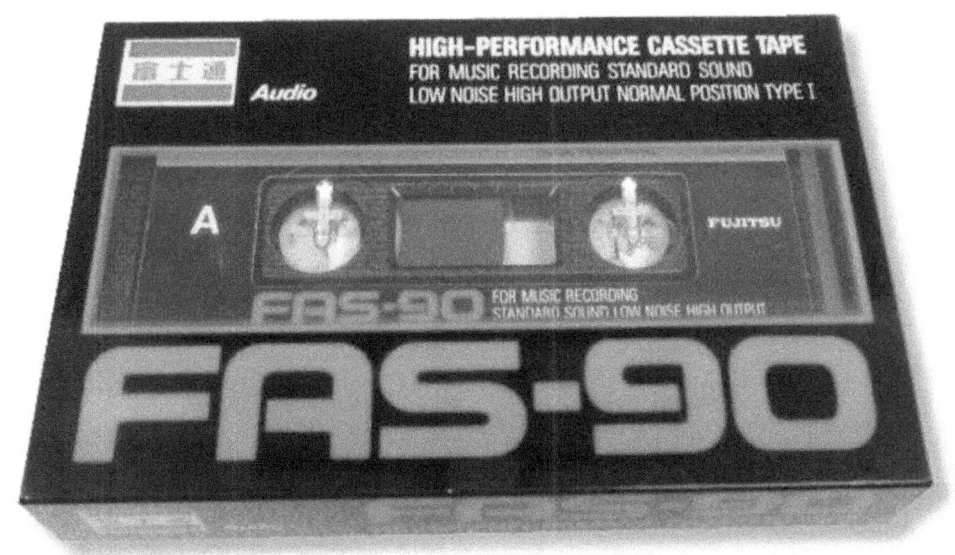

Uwe H. Sültz - Compact Cassetten Bücher

Eigene Informationen:

FUNKBERATER PHILIPS Compact Cassette - Type: Normal

Uwe H. Sültz - Compact Cassetten Bücher

Eigene Informationen:

FUNKBERATER Compact Cassette - Type: Normal

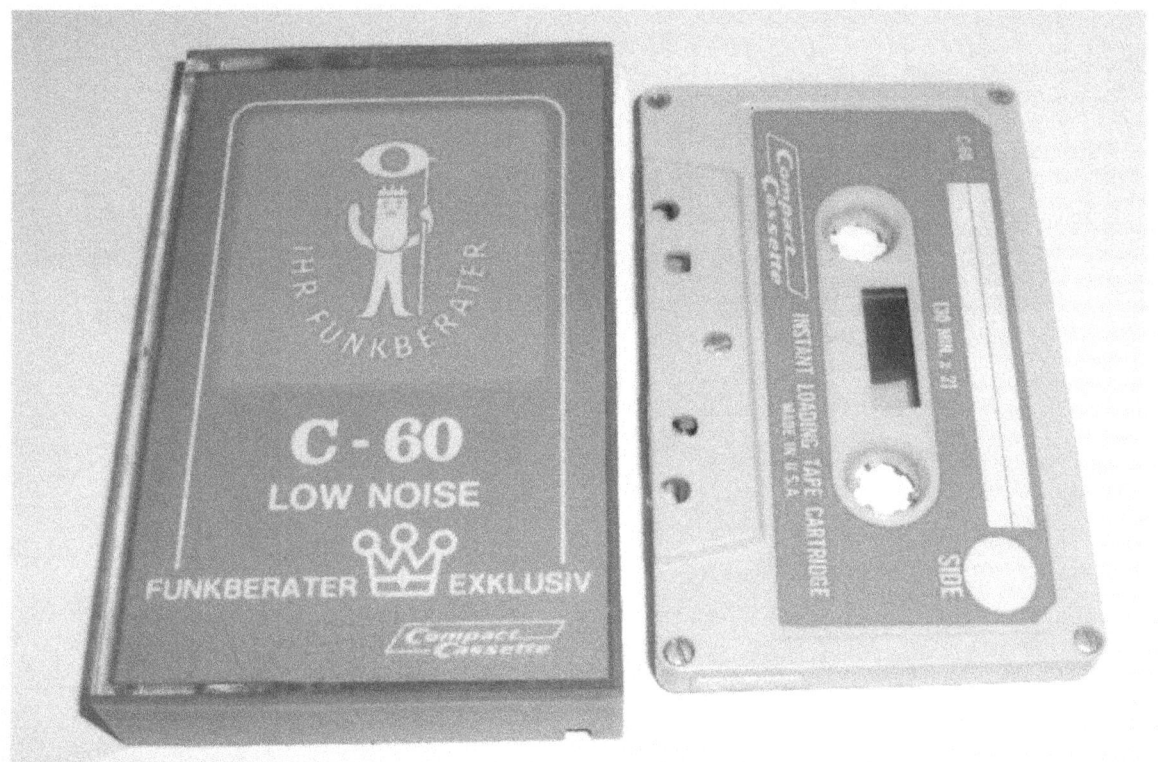

Uwe H. Sültz - Compact Cassetten Bücher

Eigene Informationen:

GE Compact Cassette - Type: Normal

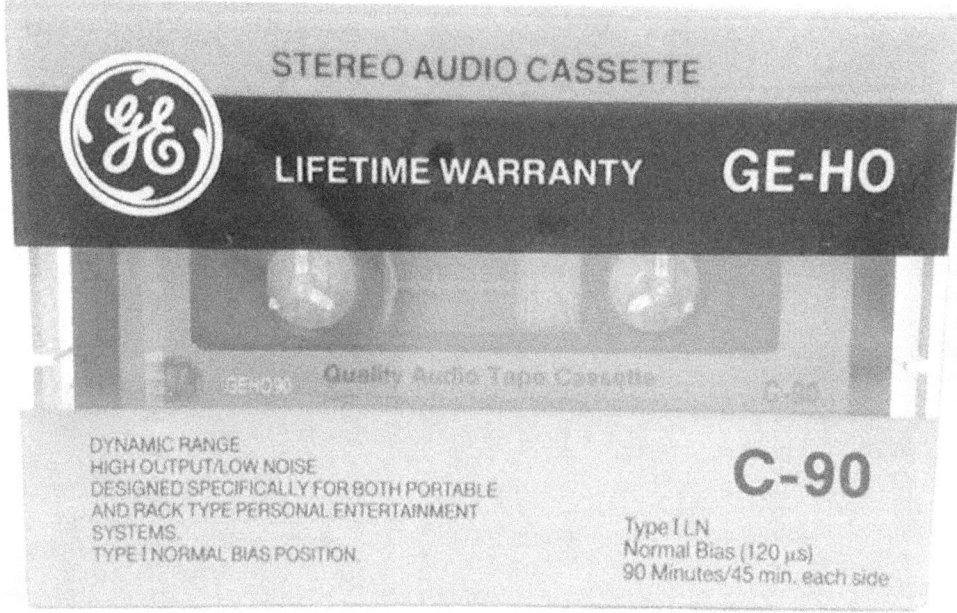

Uwe H. Sültz - Compact Cassetten Bücher

Eigene Informationen:

GOLDHAND Compact Cassette - Type: Normal

Uwe H. Sültz - Compact Cassetten Bücher

Eigene Informationen:

GOLDSTAR Compact Cassette - Type: Normal - Jahr: 1986

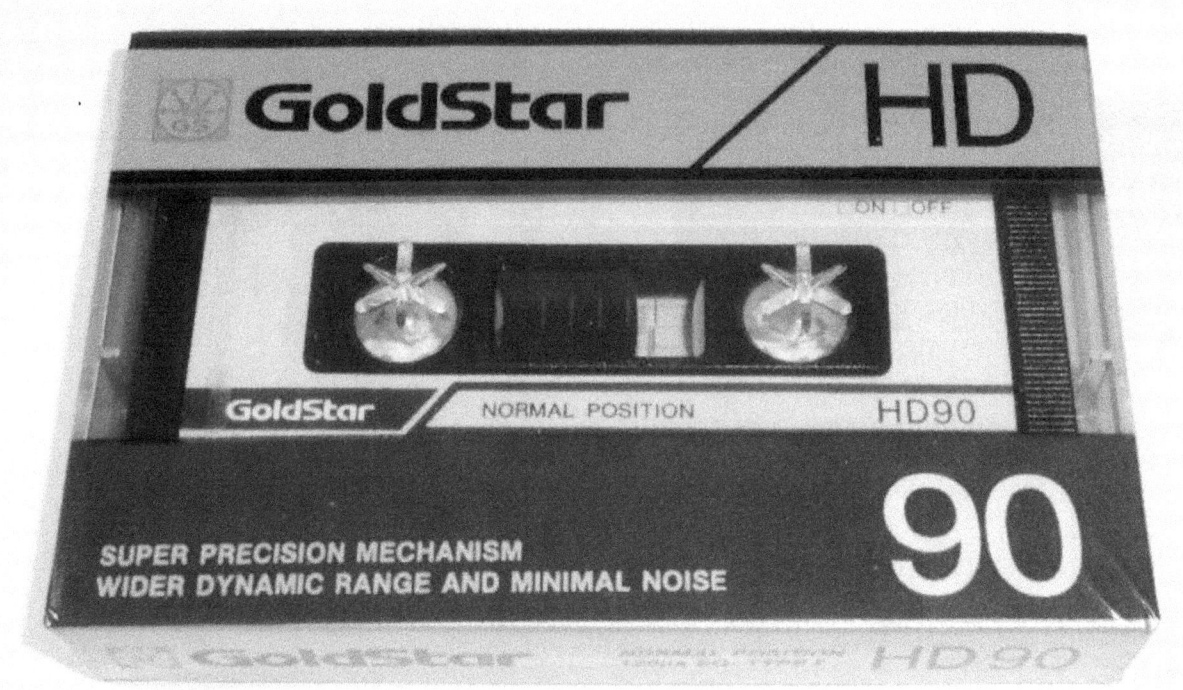

Uwe H. Sültz - Compact Cassetten Bücher

Eigene Informationen:

GOLDSTAR & LG Compact Cassette - Type: Normal - Jahr: 2003

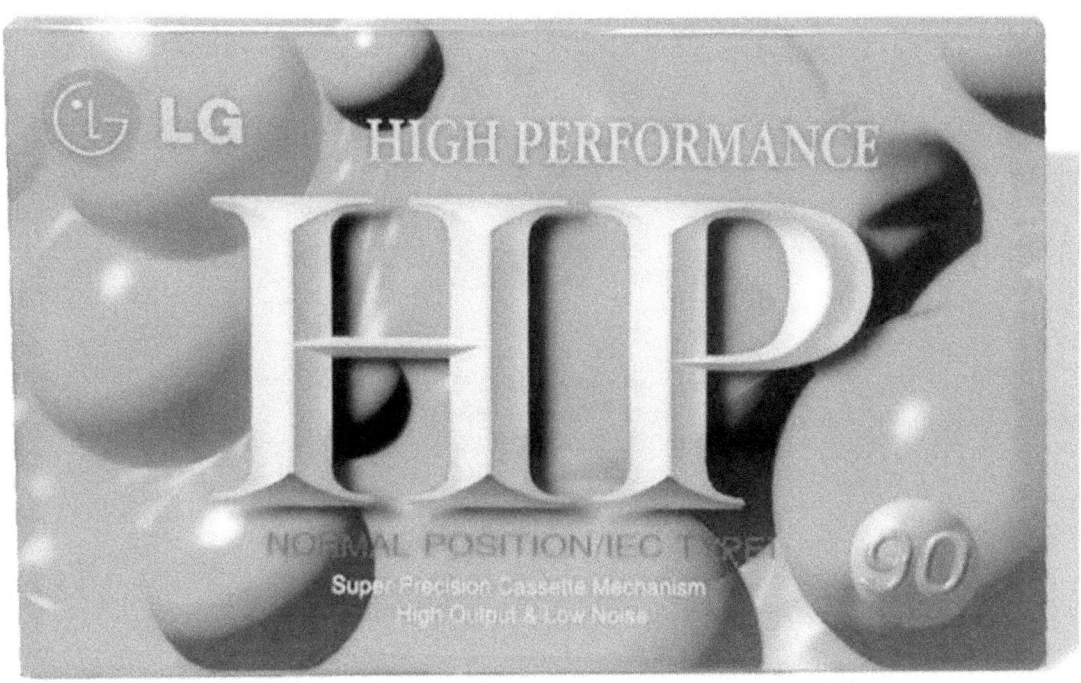

Uwe H. Sültz - Compact Cassetten Bücher
Eigene Informationen:

GRAETZ Compact Cassette - Type: Normal

Uwe H. Sültz - Compact Cassetten Bücher
Eigene Informationen:

GRUNDIG Compact Cassette - Type: Normal

Uwe H. Sültz - Compact Cassetten Bücher

Eigene Informationen:

HAPPY SOUND Compact Cassette - Type: Normal

Uwe H. Sültz - Compact Cassetten Bücher

Eigene Informationen:

HAPPY TAPE Compact Cassette - Type: Normal

Uwe H. Sültz - Compact Cassetten Bücher

Eigene Informationen:

HAPPY MELODY & HAPPY SOUND Compact Cassette - Type: Normal

Uwe H. Sültz - Compact Cassetten Bücher

Eigene Informationen:

HERTIE ATLAS Compact Cassette - Type: Chrom

Uwe H. Sültz - Compact Cassetten Bücher

Eigene Informationen:

HERTIE ATLAS Compact Cassette - Type: Normal

Uwe H. Sültz - Compact Cassetten Bücher

Eigene Informationen:

HERTIE FIREBALL ATLAS Compact Cassette - Type: Normal

Uwe H. Sültz - Compact Cassetten Bücher

Eigene Informationen:

HERTIE Compact Cassette - Type: Normal

Uwe H. Sültz - Compact Cassetten Bücher

Eigene Informationen:

HITACHI LOW NOISE COMPACT CASSETTE - Type: Normal - Jahr: 1968

Uwe H. Sültz - Compact Cassetten Bücher

Eigene Informationen:

HITACHI LOW NOISE COMPACT CASSETTE - Type: Normal - Jahr: 1969

Uwe H. Sültz - Compact Cassetten Bücher

Eigene Informationen:

HITACHI LOW NOISE COMPACT CASSETTE - Type: Normal - Jahr: 1969

Uwe H. Sültz - Compact Cassetten Bücher

Eigene Informationen:

HOBBY Compact Cassette - Type: Normal

Uwe H. Sültz - Compact Cassetten Bücher

Eigene Informationen:

HORTEN Compact Cassette - Type: Normal

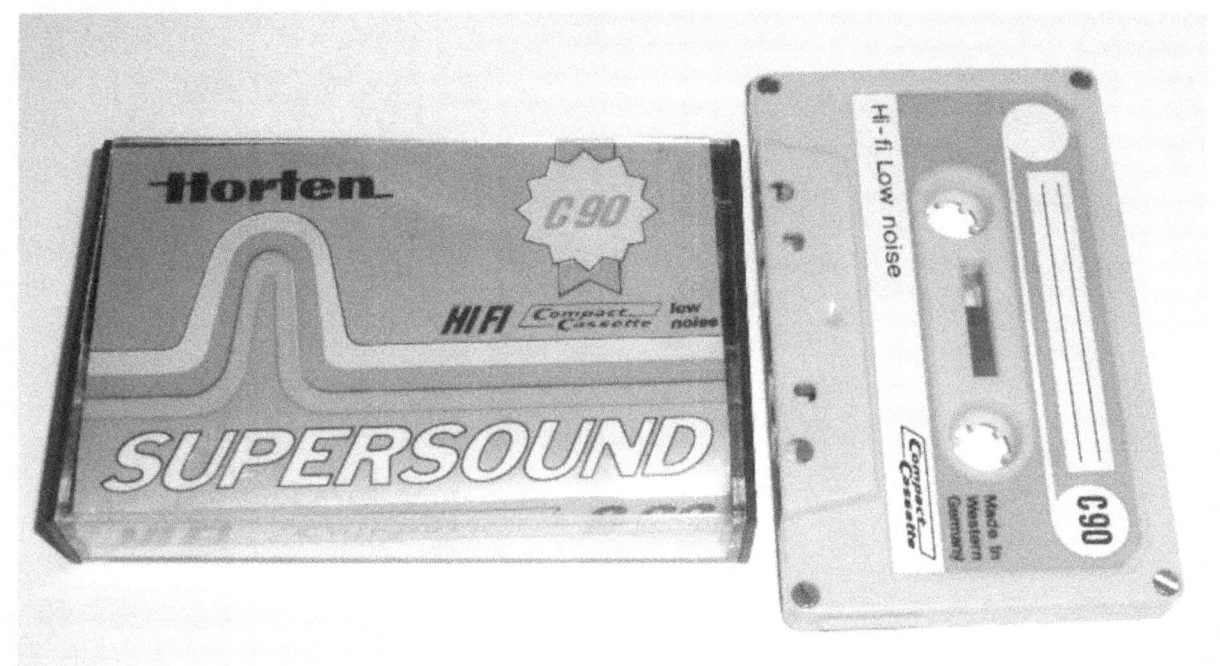

Uwe H. Sültz - Compact Cassetten Bücher

Eigene Informationen:

HORTEN Compact Cassette - Type: Normal

Uwe H. Sültz - Compact Cassetten Bücher

Eigene Informationen:

HORTEN Compact Cassette - Type: Normal

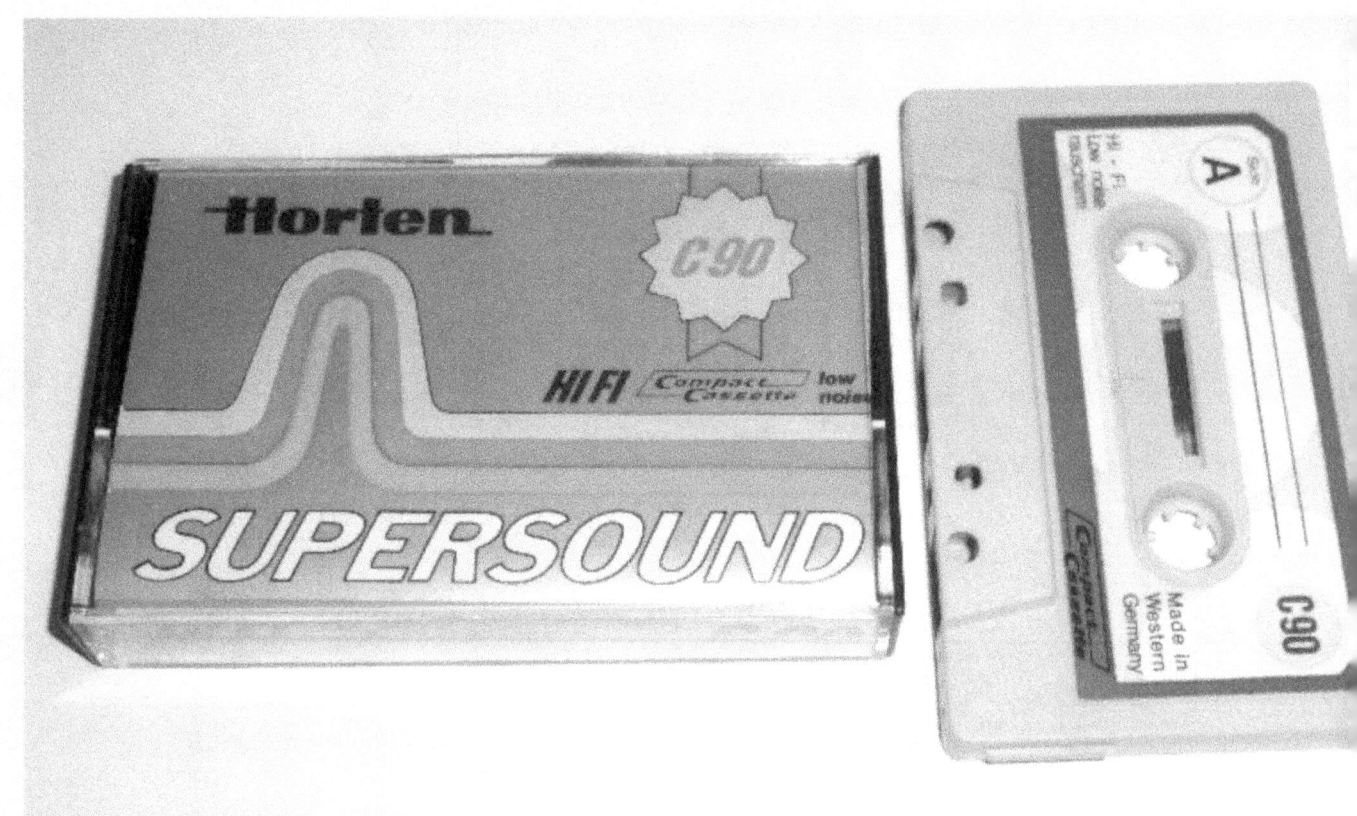

Uwe H. Sültz - Compact Cassetten Büc

HORTEN Compact Cassette - Type: Normal

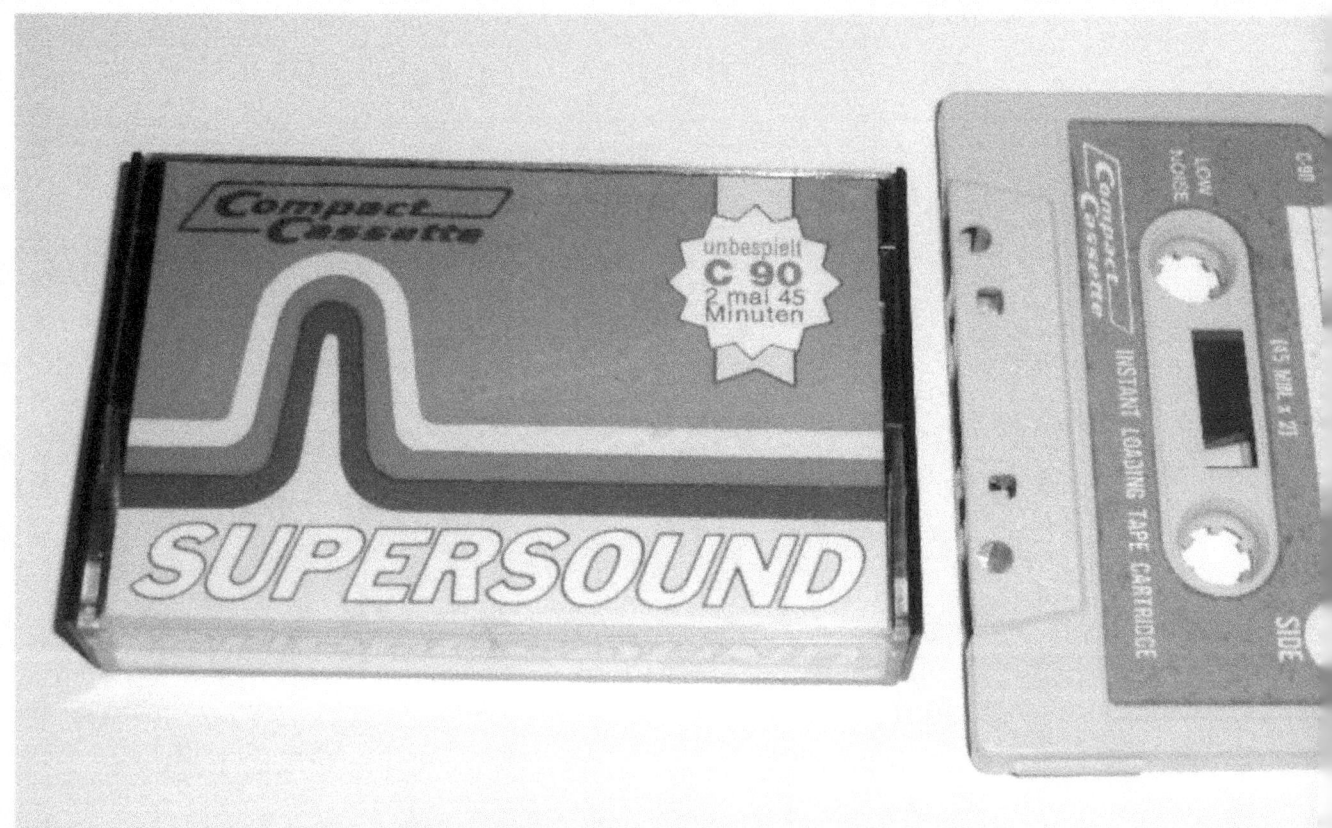

Uwe H. Sültz - Compact Cassetten Bi

HORTEN Compact Cassette - Type: Normal

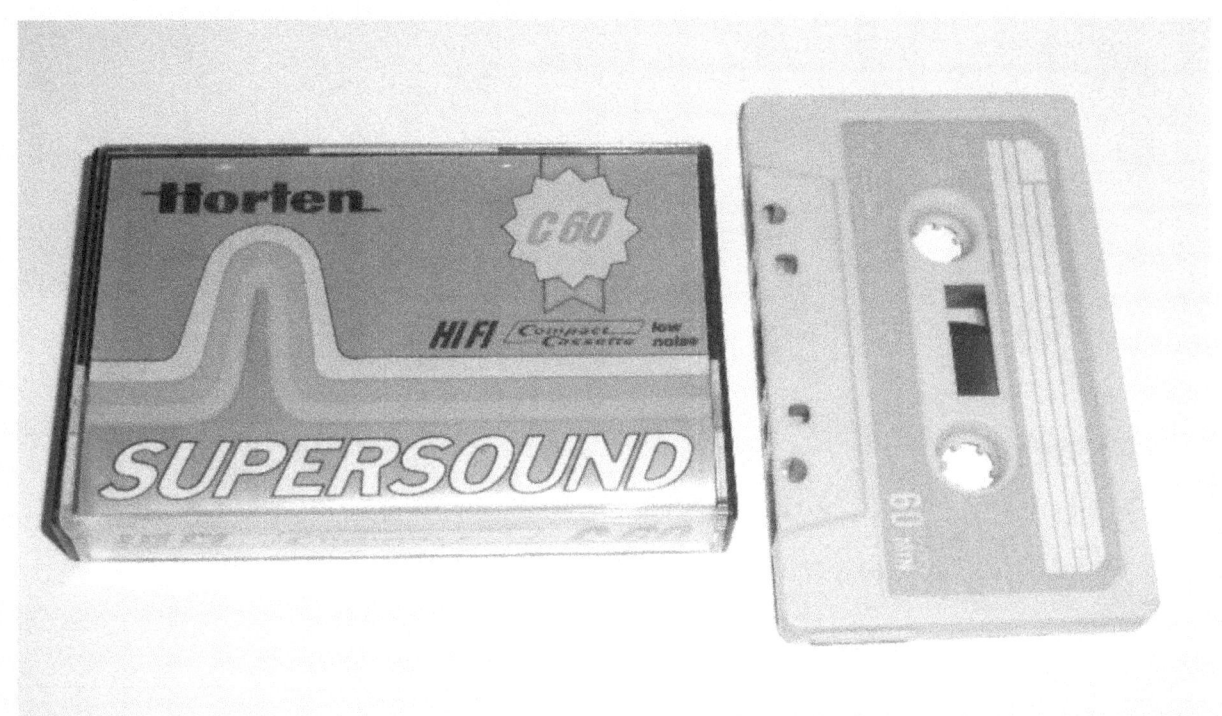

Uwe H. Sültz - Compact Cassetten Bücher

Eigene Informationen:

HORTEN Compact Cassette - Type: Chrom

Uwe H. Sültz - Compact Cassetten Bücher

Eigene Informationen:

HORTEN SUPERSOUND Compact Cassette - Type: Normal

Uwe H. Sültz - Compact Cassetten Bücher

Eigene Informationen:

HORTEN Compact Cassette - Type: Chrom

Uwe H. Sültz - Compact Cassetten Bücher
Eigene Informationen:

INTERFUNK Compact Cassette - Type: Normal

Uwe H. Sültz - Compact Cassetten Bücher

Eigene Informationen:

INTERFUNK Compact Cassette - Type: Normal

Uwe H. Sültz - Compact Cassetten Bücher

Eigene Informationen:

INTERFUNK Compact Cassette - Type: Normal

Uwe H. Sültz - Compact Cassetten Bücher

Eigene Informationen:

INTERSOUND Compact Cassette - Type: Normal & Chrom

Uwe H. Sültz - Compact Cassetten Bücher
Eigene Informationen:

ITT LOW NOISE Compact Cassette - Type: Normal

Uwe H. Sültz - Compact Cassetten Bücher

Eigene Informationen:

JESKO Compact Cassette - Type: Normal

Uwe H. Sültz - Compact Cassetten Bücher

Eigene Informationen:

JÜROP Compact Cassette - Type: Normal

Uwe H. Sültz - Compact Cassetten Bücher

Eigene Informationen:

JVC C60 METAL COMPACT CASSETTE - Type: Metal - Jahr: 1979

Uwe H. Sültz - Compact Cassetten Bücher

Eigene Informationen:

JVC Compact Cassette - Type: Normal - Jahr: 1994

Uwe H. Sültz - Compact Cassetten Bücher

Eigene Informationen:

KARSTADT Compact Cassette - Type: Normal

Uwe H. Sültz - Compact Cassetten Bücher

Eigene Informationen:

KARSTADT Compact Cassette - Type: Chrom

Uwe H. Sültz - Compact Cassetten Bücher

Eigene Informationen:

KAUFHALLE Compact Cassette - Type: Normal

Uwe H. Sültz - Compact Cassetten Bücher

Eigene Informationen:

KAUFHALLE Compact Cassette - Type: Chrom

Uwe H. Sültz - Compact Cassetten Bücher

Eigene Informationen:

KAUFHOF ELITE Compact Cassette - Type: Chrom

Uwe H. Sültz - Compact Cassetten Bücher

Eigene Informationen:

KAUFHOF ELITE Compact Cassette - Type: Chrom & Normal

Uwe H. Sültz - Compact Cassetten Bücher

Eigene Informationen:

KENDO Compact Cassette - Typ: Chrom

Uwe H. Sültz - Compact Cassetten Bücher

Eigene Informationen:

KENWOOD Compact Cassette - Type: Metal

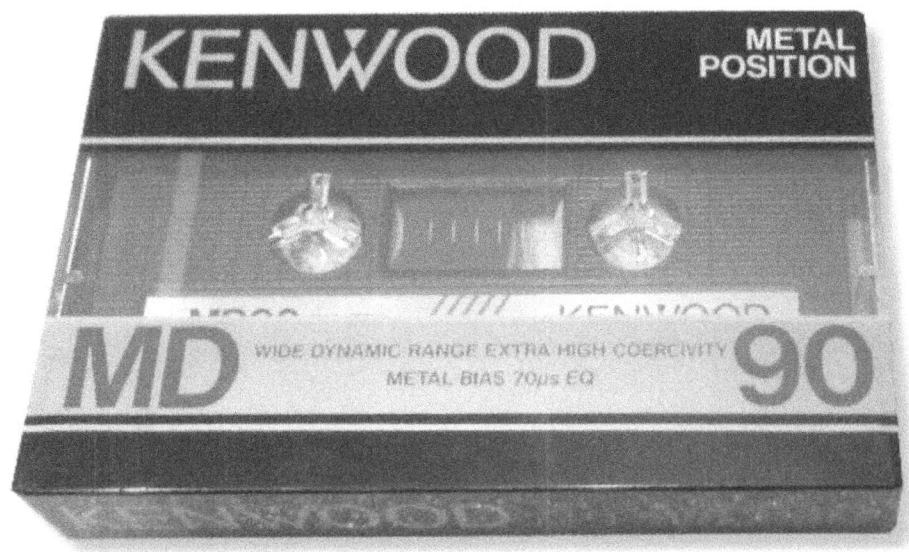

Uwe H. Sültz - Compact Cassetten Bücher

Eigene Informationen:

KLASSE Compact Cassette - Type: Normal

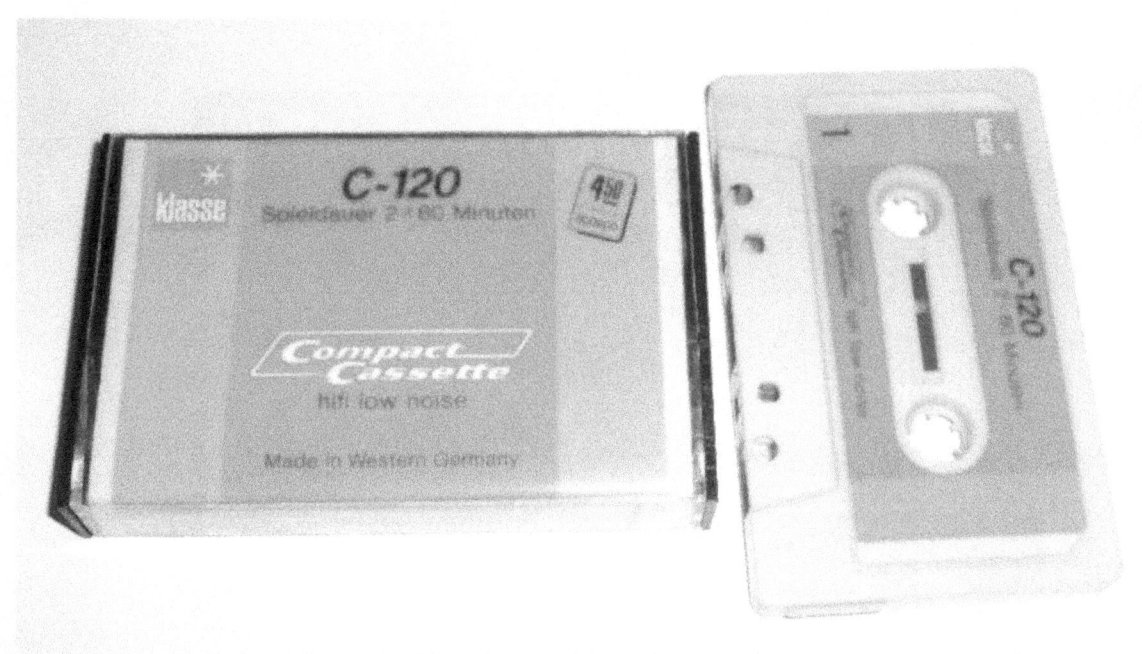

Uwe H. Sültz - Compact Cassetten Bücher

Eigene Informationen:

KSW ECHO Compact Cassette - Type: Normal

Uwe H. Sültz - Compact Cassetten Bücher

Eigene Informationen:

KUBA Compact Cassette - Type: Normal

Uwe H. Sültz - Compact Cassetten Bücher

Eigene Informationen:

LOEWE OPTA Compact Cassette - Type: Normal

Uwe H. Sültz - Compact Cassetten Bücher

Eigene Informationen:

LOEWE OPTA Compact Cassette - Type: Normal

Uwe H. Sültz - Compact Cassetten Bücher

Eigene Informationen:

LORD Compact Cassette - Type: Normal

Uwe H. Sültz - Compact Cassetten Bücher

Eigene Informationen:

LUXMAN Compact Cassette - Type: Metal

Uwe H. Sültz - Compact Cassetten Bücher

Eigene Informationen:

M&R Compact Cassette - Type: Normal

Uwe H. Sültz - Compact Cassetten Bücher

Eigene Informationen:

MAGNA Compact Cassette - Type: Chrom

Uwe H. Sültz - Compact Cassetten Bücher

Eigene Informationen:

MAGNA Compact Cassette - Type: Chrom

Uwe H. Sültz - Compact Cassetten Bücher

Eigene Informationen:

MAGNA Compact Cassette - Type: Chrom

Uwe H. Sültz - Compact Cassetten Bücher

Eigene Informationen:

MAGNA Compact Cassette - Type: Normal

Uwe H. Sültz - Compact Cassetten Bücher

Eigene Informationen:

MAGNA Compact Cassette - Type: Normal

Uwe H. Sültz - Compact Cassetten Bücher

Eigene Informationen:

MAGNA Compact Cassette - Type: Normal

Uwe H. Sültz - Compact Cassetten Bücher

Eigene Informationen:

MAGNA Compact Cassette - Type: Normal

Uwe H. Sültz - Compact Cassetten Bücher

Eigene Informationen:

MALLORY LOW NOISE Compact Cassette - Type: Normal

Uwe H. Sültz - Compact Cassetten Bücher

Eigene Informationen:

MALLORY LOW NOISE Compact Cassette - Type: Chrom

Uwe H. Sültz - Compact Cassetten Bücher

Eigene Informationen:

MARANTZ Compact Cassette - Type: Normal - Jahr: 1983

Uwe H. Sültz - Compact Cassetten Bücher

Eigene Informationen:

MARANTZ Compact Cassette - Type: Chrom - Jahr: 1983

Uwe H. Sültz - Compact Cassetten Bücher
Eigene Informationen:

MARK Compact Cassette - Type: Normal

Uwe H. Sültz - Compact Cassetten Bücher

Eigene Informationen:

MASTER PHON Compact Cassette - Type: Normal

Uwe H. Sültz - Compact Cassetten Bücher

Eigene Informationen:

MAXELL C120 COMPACT CASSETTE - Type: Normal - Jahr: 1968

Uwe H. Sültz - Compact Cassetten Bücher

Eigene Informationen:

MAXELL LOW NOISE Compact Cassette - Type: Normal - Jahr: 1970

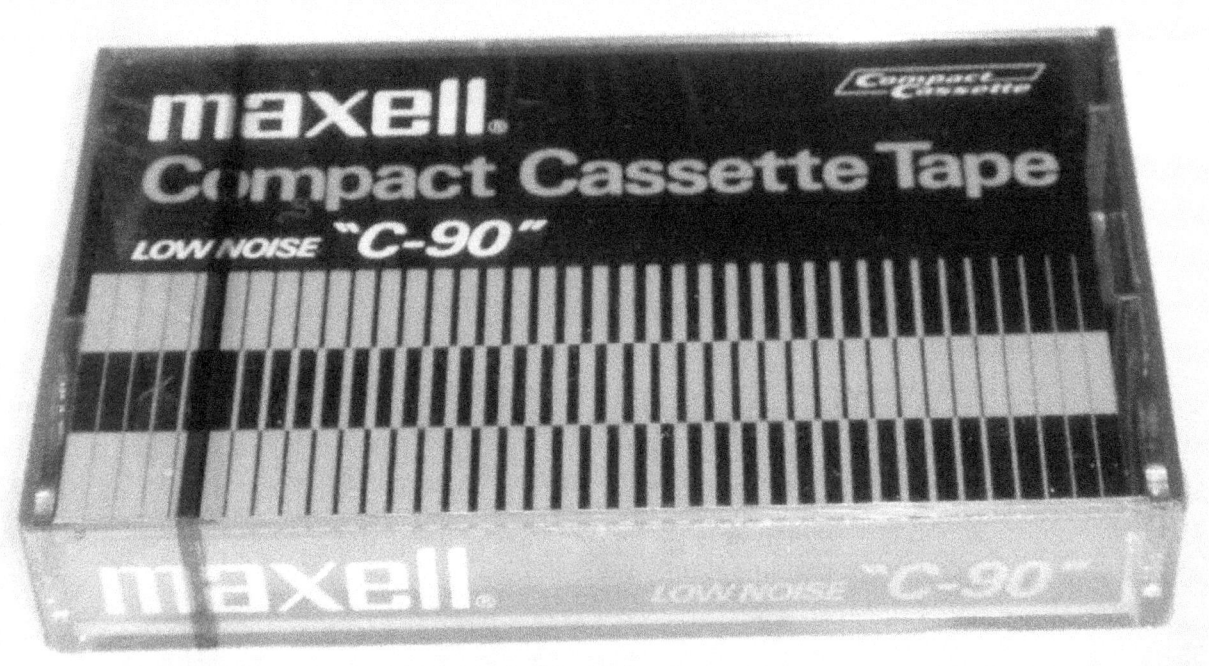

Uwe H. Sültz - Compact Cassetten Bücher

Eigene Informationen:

MAXELL Compact Cassette - Type: Metal - Jahr: 1990

Uwe H. Sültz - Compact Cassetten Bücher

Eigene Informationen:

MAXELL XL II Compact Cassette - Type: Cr - Jahr: 1992

Uwe H. Sültz - Compact Cassetten Bücher

Eigene Informationen:

MAXELL Compact Cassette - Type: Metal - Jahr: 1997

Uwe H. Sültz - Compact Cassetten Bücher

Eigene Informationen:

MAXELL Compact Cassette - Type: Normal - Jahr: 2002

Uwe H. Sültz - Compact Cassetten Bücher

Eigene Informationen:

MAXELL SQ Compact Cassette - Typ: Chrom - Jahr: 2005

Uwe H. Sültz - Compact Cassetten Bücher

Eigene Informationen:

MAGNAX Compact Cassetten - Type: Normal

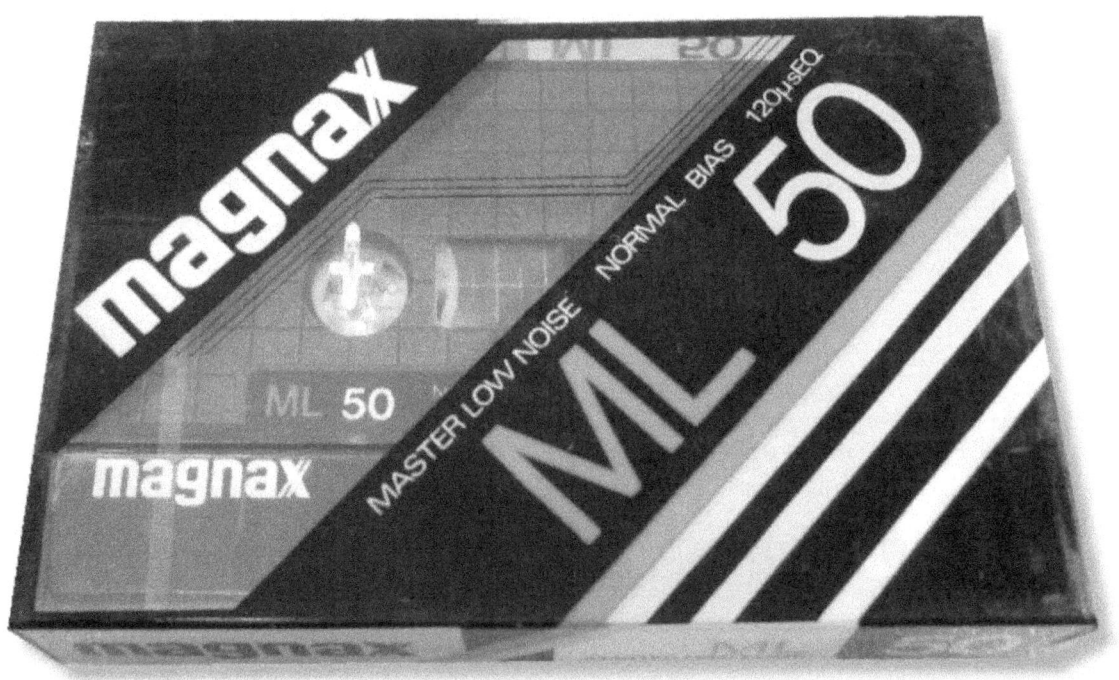

Uwe H. Sültz - Compact Cassetten Bücher

Eigene Informationen:

MAXIM Compact Cassette - Type: Normal

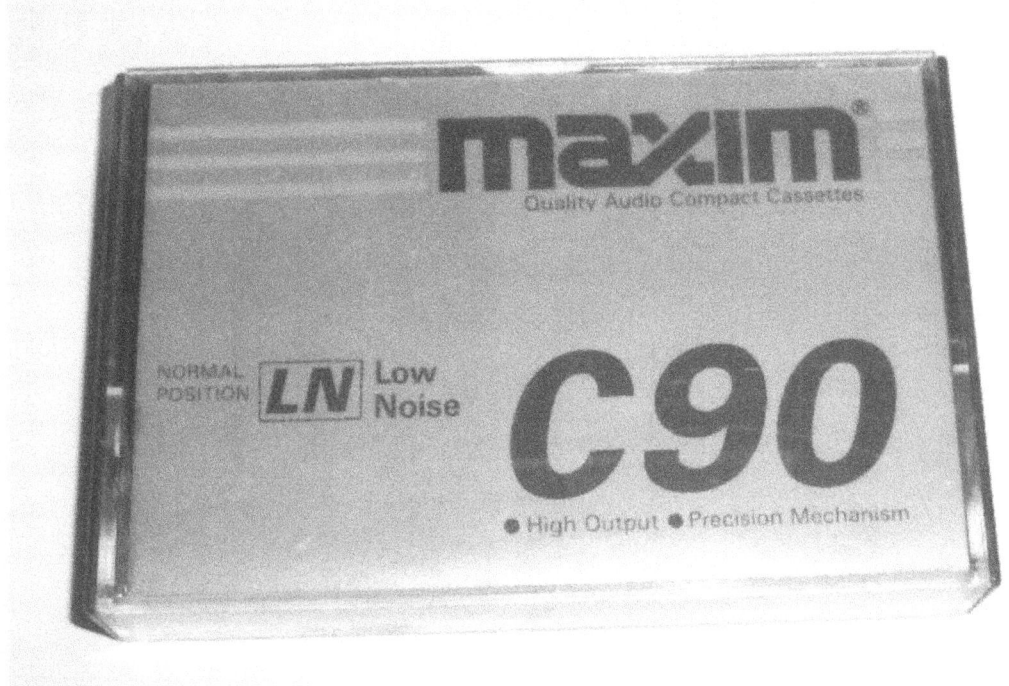

Uwe H. Sültz - Compact Cassetten Bücher

Eigene Informationen:

McONOMY ECHO Compact Cassette - Type: Normal

Uwe H. Sültz - Compact Cassetten Bücher

Eigene Informationen:

MEMOREX LOW NOISE Compact Cassette - Type: Normal

Uwe H. Sültz - Compact Cassetten Bücher

Eigene Informationen:

MEMOREX LOW NOISE Compact Cassette - Type: Normal

Uwe H. Sültz - Compact Cassetten Bücher

Eigene Informationen:

MEMOREX LOW NOISE Compact Cassette - Type: Chrom

Uwe H. Sültz - Compact Cassetten Bücher

Eigene Informationen:

MERCURY Compact Cassette - Type: Normal - Jahr: 1966

Uwe H. Sültz - Compact Cassetten Bücher

Eigene Informationen:

MITSUBISHI Compact Cassette - Type: Normal

Uwe H. Sültz - Compact Cassetten Bücher
Eigene Informationen:

MONATONE Compact Cassette - Type: Normal

Uwe H. Sültz - Compact Cassetten Bücher

Eigene Informationen:

MONDIAL Compact Cassette - Type: Normal

Uwe H. Sültz - Compact Cassetten Bücher

Eigene Informationen:

MULTI AUDIO Compact Cassette - Type: Normal

Uwe H. Sültz - Compact Cassetten Bücher

Eigene Informationen:

MUSETTE Compact Cassette - Type: Normal

Uwe H. Sültz - Compact Cassetten Bücher

Eigene Informationen:

NAKAMICHI SX COMPACT CASSETTE - Type: Chrom - Jahr: 1979

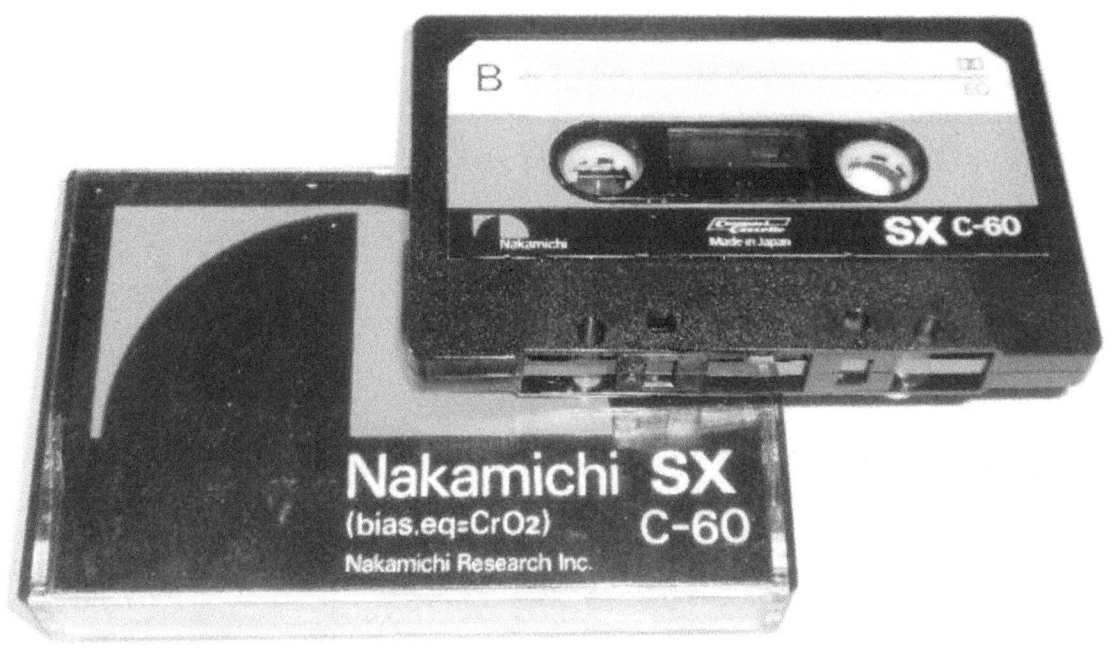

Uwe H. Sültz - Compact Cassetten Bücher

Eigene Informationen:

NAKAMICHI Compact Cassette - Type: Normal

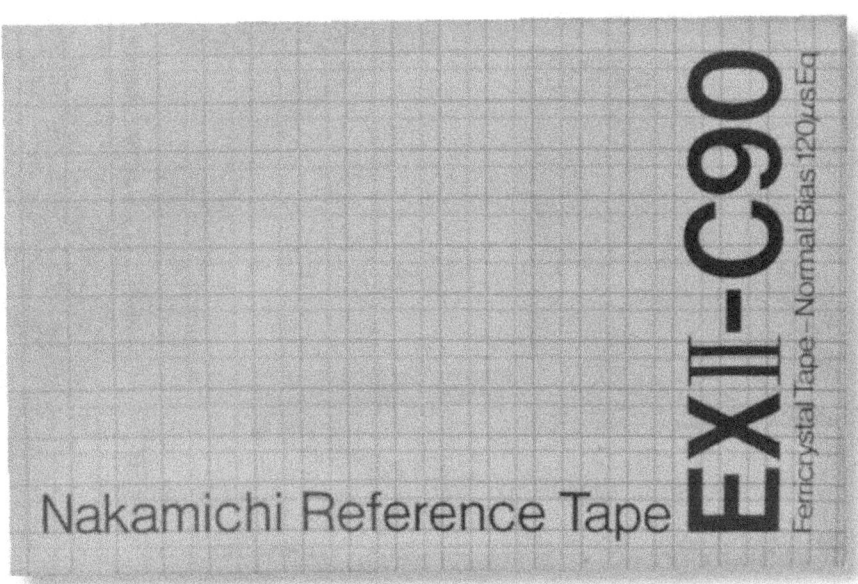

Uwe H. Sültz - Compact Cassetten Bücher

Eigene Informationen:

NAKAMICHI Compact Cassette - Type: Metal

Uwe H. Sültz - Compact Cassetten Bücher

Eigene Informationen:

NATIONAL Compact Cassette - Type: Normal - Jahr: 1973

Uwe H. Sültz - Compact Cassetten Bücher

Eigene Informationen:

NATIONAL Compact Cassette - Type: Normal - Jahr: 1987

Uwe H. Sültz - Compact Cassetten Bücher

Eigene Informationen:

NECKERMANN BRILLANT Compact Cassette - Type: Normal

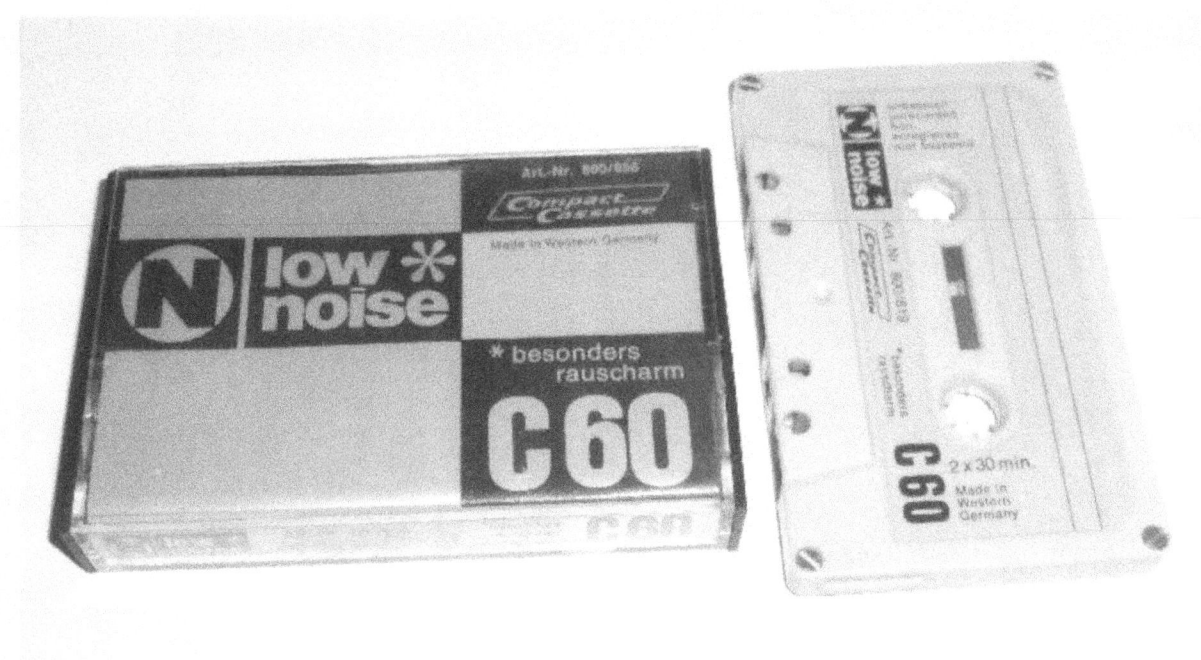

Uwe H. Sültz - Compact Cassetten Bücher

Eigene Informationen:

NECKERMANN BRILLANT Compact Cassette - Type: Chrom

Uwe H. Sültz - Compact Cassetten Bücher

Eigene Informationen:

NECKERMANN BRILLANT Compact Cassette - Type: Normal

Eigene Informationen:

Eigene Informationen:

NOBLESTAR Compact Cassette - Type: Normal

Uwe H. Sültz - Compact Cassetten Bücher
Eigene Informationen:

NORDMENDE Compact Cassette - Type: Normal

Uwe H. Sültz - Compact Cassetten Bücher
Eigene Informationen:

NORELCO Compact Cassette - Type: Normal

Uwe H. Sültz - Compact Cassetten Bücher

Eigene Informationen:

NORELCO Compact Cassette - Type: Normal

Uwe H. Sültz - Compact Cassetten Bücher

Eigene Informationen:

NORELCO Compact Cassette - Type: Normal

Uwe H. Sültz - Compact Cassetten Bücher

Eigene Informationen:

NORELCO PHILIPS Compact Cassette - Type: Normal

Uwe H. Sültz - Compact Cassetten Bücher

Eigene Informationen:

DDR Compact Cassette - Type: Normal

Uwe H. Sültz - Compact Cassetten Bücher

Eigene Informationen:

PANASONIC Compact Cassette - Type: Normal - Jahr: 1966

Uwe H. Sültz - Compact Cassetten Bücher

Eigene Informationen:

PANASONIC Compact Cassette - Type: Normal - Jahr: 1994

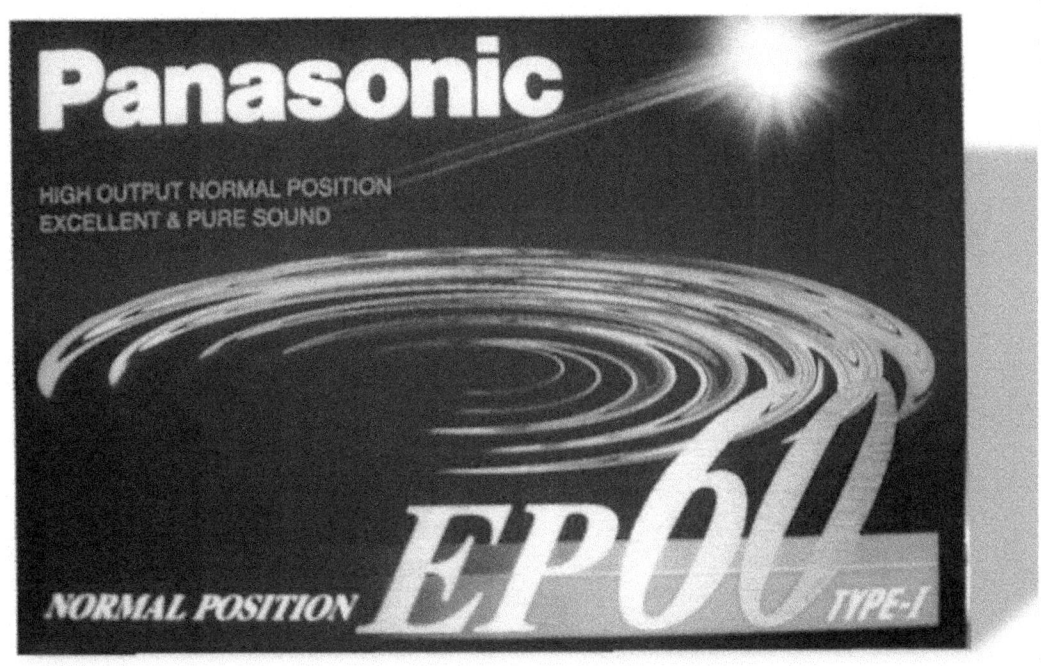

Uwe H. Sültz - Compact Cassetten Bücher

Eigene Informationen: Eigene Informationen:

PDM Compact Cassetten - Type: Chrom + Metal - Jahr: 1981

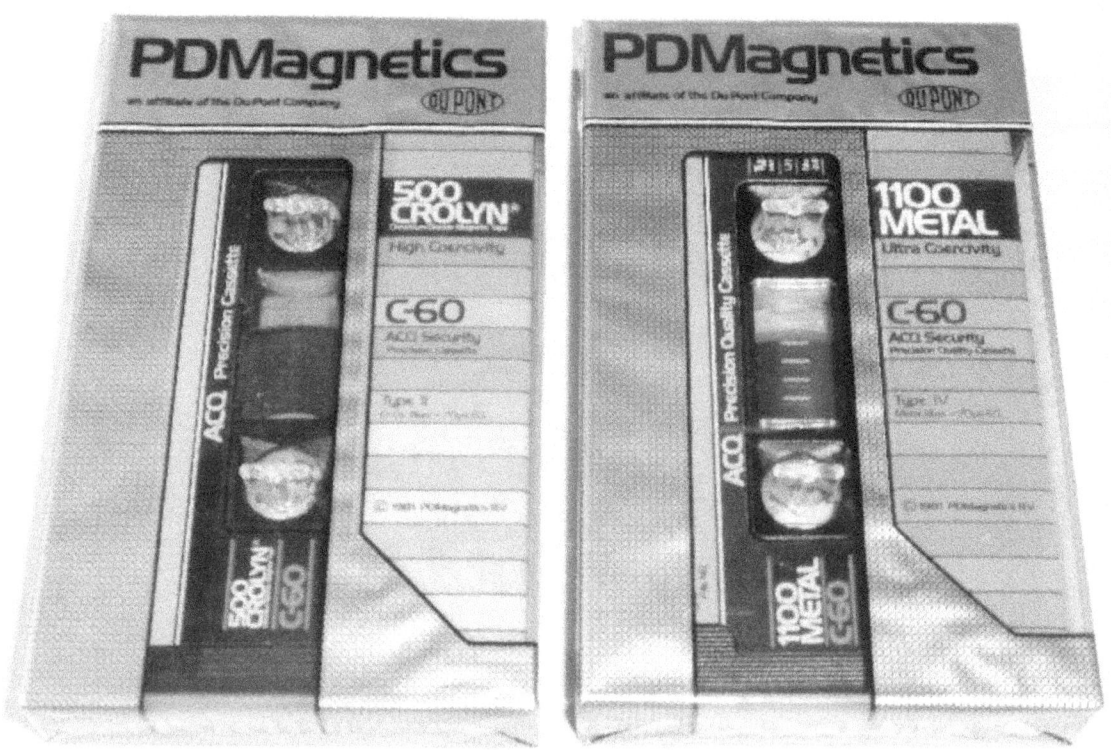

Uwe H. Sültz - Compact Cassetten Bücher
Eigene Informationen:

PDM Compact Cassette - Type: Chrom - Jahr: 1990

Uwe H. Sültz - Compact Cassetten Bücher

Eigene Informationen:

PDM CD X Compact Cassette - Type: Chrom - Jahr: 1994

Uwe H. Sültz - Compact Cassetten Bücher

Eigene Informationen:

PERFEKT CAROLINE Compact Cassette - Type: Chrom

Uwe H. Sültz - Compact Cassetten Bücher

Eigene Informationen:

PERMACHROM Compact Cassette - Type: Chrom

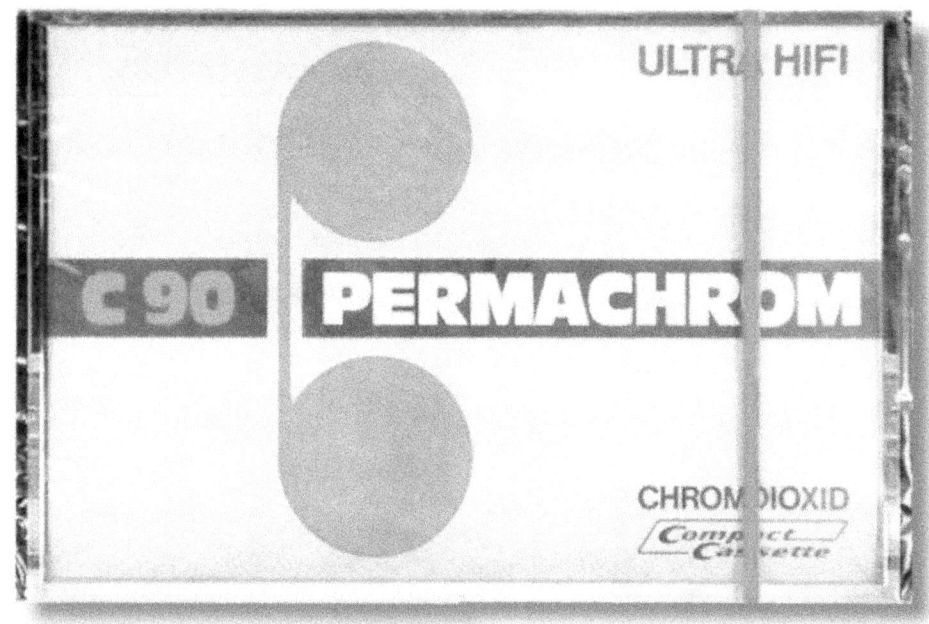

Uwe H. Sültz - Compact Cassetten Bücher

Eigene Informationen:

PERMACHROM Compact Cassette - Type: Chrom

Uwe H. Sültz - Compact Cassetten Bücher

Eigene Informationen:

PERMATON Compact Cassette - Type: Chrom

Uwe H. Sültz - Compact Cassetten Bücher
Eigene Informationen:

PERMATON Compact Cassette - Type: Chrom

Uwe H. Sültz - Compact Cassetten Bücher

Eigene Informationen:

PERMATON Compact Cassette - Type: Chrom

Uwe H. Sültz - Compact Cassetten Bücher

Eigene Informationen:

PERMATON Compact Cassette - Type: Normal

Uwe H. Sültz - Compact Cassetten Bücher

Eigene Informationen:

PERMATON Compact Cassette - Type: Normal

Uwe H. Sültz - Compact Cassetten Bücher
Eigene Informationen:

PERMATON Compact Cassette - Type: Normal

Uwe H. Sültz - Compact Cassetten Bücher

Eigene Informationen:

PERMATON Compact Cassette - Type: Normal

Uwe H. Sültz - Compact Cassetten Bücher

Eigene Informationen:

PERMATON Compact Cassette - Type: Normal

Uwe H. Sültz - Compact Cassetten Bücher

Eigene Informationen:

PFEIFER Compact Cassette - Type: Normal

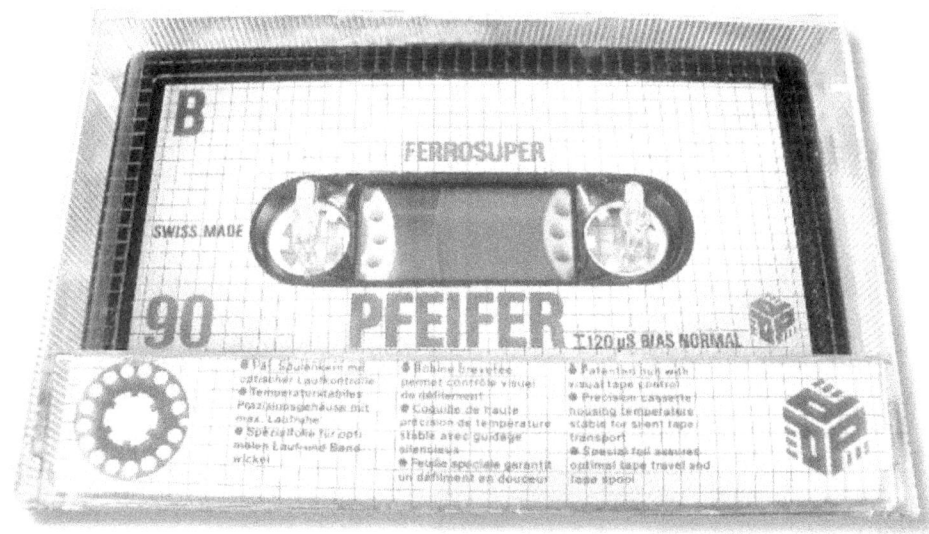

Uwe H. Sültz - Compact Cassetten Bücher

Eigene Informationen:

PHILIPS EL 1903 Compact Cassette - Type: Normal - Jahr: 1963-1965

Uwe H. Sültz - Compact Cassetten Bücher
Eigene Informationen:

PHILIPS Compact Cassette - Type: Normal - Jahr: 1966-1969

Uwe H. Sültz - Compact Cassetten Bücher
Eigene Informationen:

PHILIPS Compact Cassette - Type: Metal - Jahr: 1981

Uwe H. Sültz - Compact Cassetten Bücher

Eigene Informationen:

PHILIPS Compact Cassette - Type: Chrom - Jahr: 1981

Uwe H. Sültz - Compact Cassetten Bücher

Eigene Informationen:

PHILIPS Compact Cassette - Type: Normal - Jahr: 1989

Uwe H. Sültz - Compact Cassetten Bücher
Eigene Informationen:

PHILIPS Compact Cassette - Type: Chrom - Jahr: 1997-1999

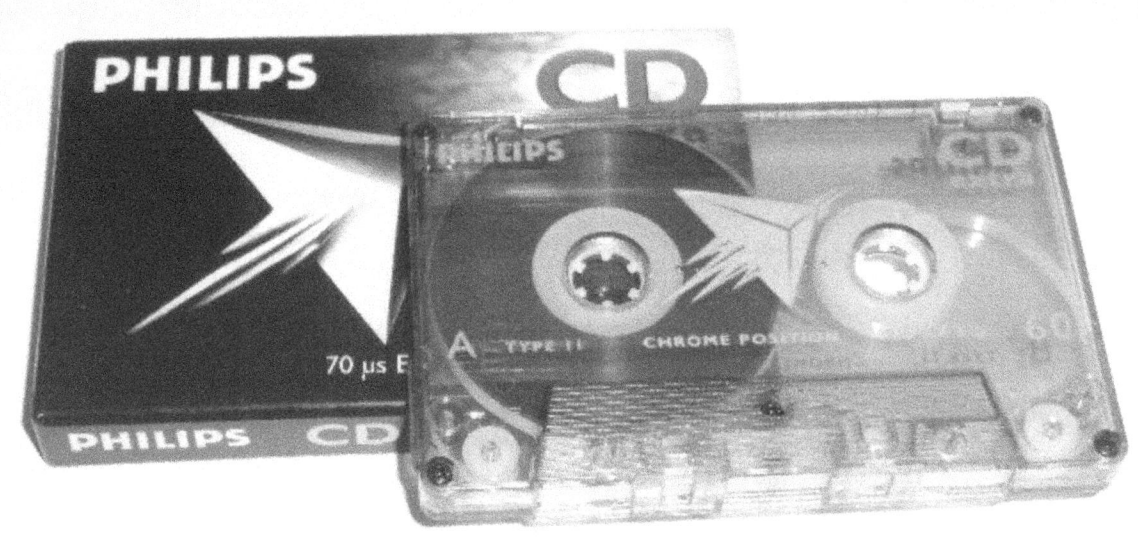

Uwe H. Sültz - Compact Cassetten Bücher
Eigene Informationen:

PHILIPS EL 1903 INTERN Compact Cassette - Type: Normal - Jahr: 1963

Uwe H. Sültz - Compact Cassetten Bücher
Eigene Informationen:

PIONEER Compact Cassette - Type: Normal

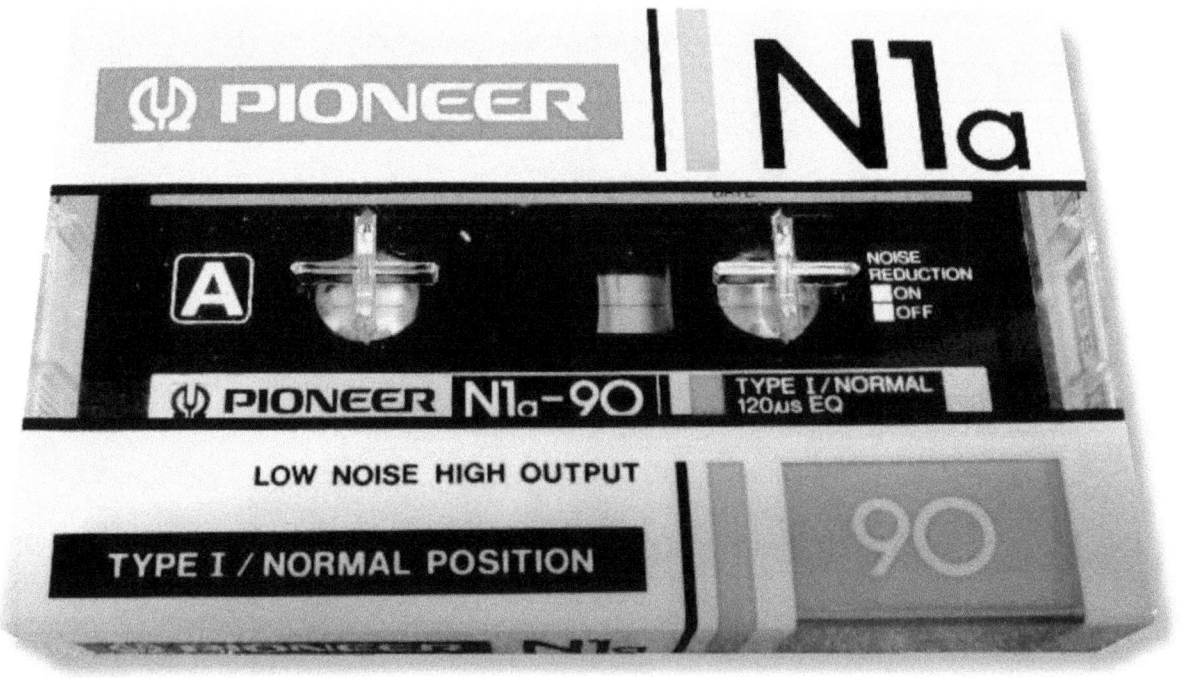

Uwe H. Sültz - Compact Cassetten Bücher
Eigene Informationen:

PLAZA Compact Cassetten - Type: Chrom

Uwe H. Sültz - Compact Cassetten Bücher

Eigene Informationen:

POLARIS Compact Cassette - Type: Normal

Uwe H. Sültz - Compact Cassetten Bücher

Eigene Informationen:

POLAROID Compact Cassette - Type: Chrom

Uwe H. Sültz - Compact Cassetten Bücher
Eigene Informationen:

POLAROID Compact Cassette - Type: Chrom

Uwe H. Sültz - Compact Cassetten Bücher
Eigene Informationen:

POLYBAND Compact Cassette - Type: Normal

Uwe H. Sültz - Compact Cassetten Bücher

Eigene Informationen:

POPPY Compact Cassette - Type: Normal

Uwe H. Sültz - Compact Cassetten Bücher

Eigene Informationen:

POSY Compact Cassette - Type: Normal

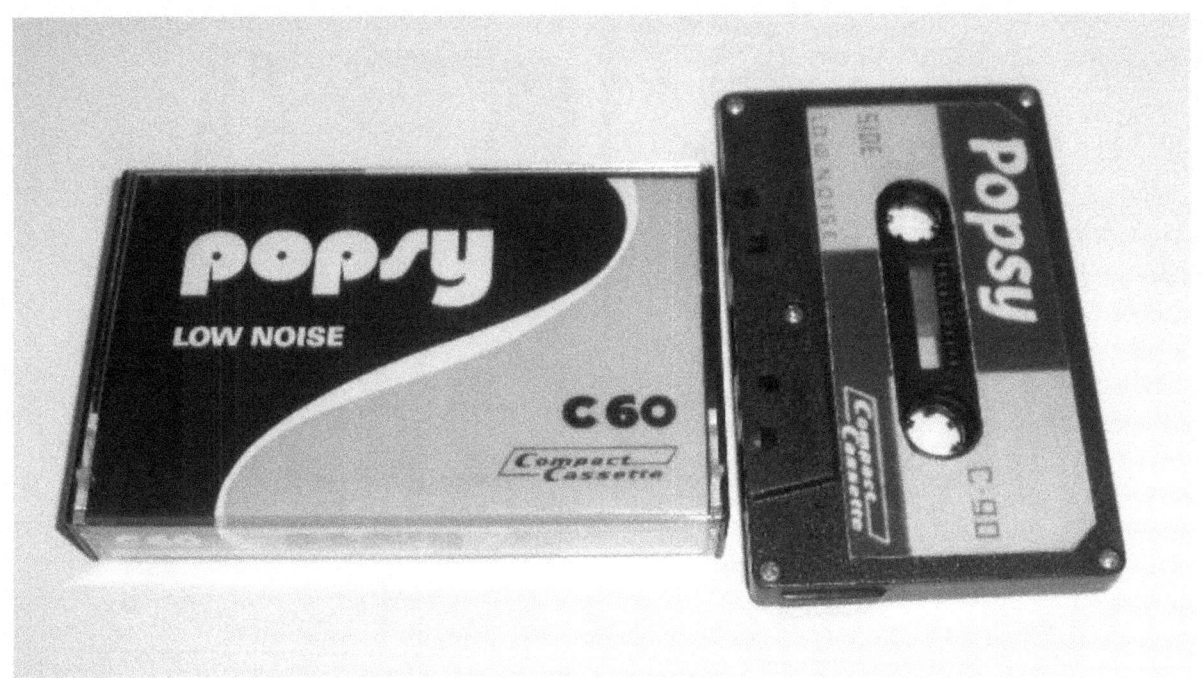

Uwe H. Sültz - Compact Cassetten Bücher
Eigene Informationen:

PORST Compact Cassette - Type: Chrom

Uwe H. Sültz - Compact Cassetten Bücher

Eigene Informationen:

PORST Compact Cassette - Type: Normal

Uwe H. Sültz - Compact Cassetten Bücher

Eigene Informationen:

PRIVILEG QUELLE Compact Cassette - Type: Normal

Uwe H. Sültz - Compact Cassetten Bücher
Eigene Informationen:

QUANTEGY Compact Cassette - Type: Chrom - Jahr: 2005

Uwe H. Sültz - Compact Cassetten Bücher

Eigene Informationen:

RADIOLA PHILIPS Compact Cassette - Type: Normal

Uwe H. Sültz - Compact Cassetten Bücher

Eigene Informationen:

RADIOLA PHILIPS Compact Cassette - Type: Normal

Uwe H. Sültz - Compact Cassetten Bücher

Eigene Informationen:

RAKS Compact Cassette - Type: Chrom

Uwe H. Sültz - Compact Cassetten Bücher

Eigene Informationen:

RAKS Compact Cassette - Type: Chrom

Uwe H. Sültz - Compact Cassetten Bücher

Eigene Informationen:

RALLYE Compact Cassette - Type: Normal

Uwe H. Sültz - Compact Cassetten Bücher

Eigene Informationen:

REALISTIC RADIO SHACK Compact Cassette - Type: Normal - Jahr: 1973

Uwe H. Sültz - Compact Cassetten Bücher

Eigene Informationen:

REVOX Compact Cassette - Type: Chrom

Uwe H. Sültz - Compact Cassetten Bücher

Eigene Informationen:

REVUE Compact Cassette - Type: Normal

Uwe H. Sültz - Compact Cassetten Bücher

Eigene Informationen:

REVUE Compact Cassette - Type: Normal

Uwe H. Sültz - Compact Cassetten Bücher

Eigene Informationen:

ROYAL SOUND COMPANY Compact Cassette - Type: Normal

Uwe H. Sültz - Compact Cassetten Bücher

Eigene Informationen:

RUBIN Compact Cassette - Type: Normal

Uwe H. Sültz - Compact Cassetten Bücher

Eigene Informationen:

SABA Compact Cassette - Type: Normal

Uwe H. Sültz - Compact Cassetten Bücher

Eigene Informationen:

SAFT Compact Cassette - Type: Chrom

Uwe H. Sültz - Compact Cassetten Bücher

Eigene Informationen:

SAMSUNG Compact Cassette - Type: Normal

Uwe H. Sültz - Compact Cassetten Bücher

Eigene Informationen:

SANA Cassette - Type: Normal

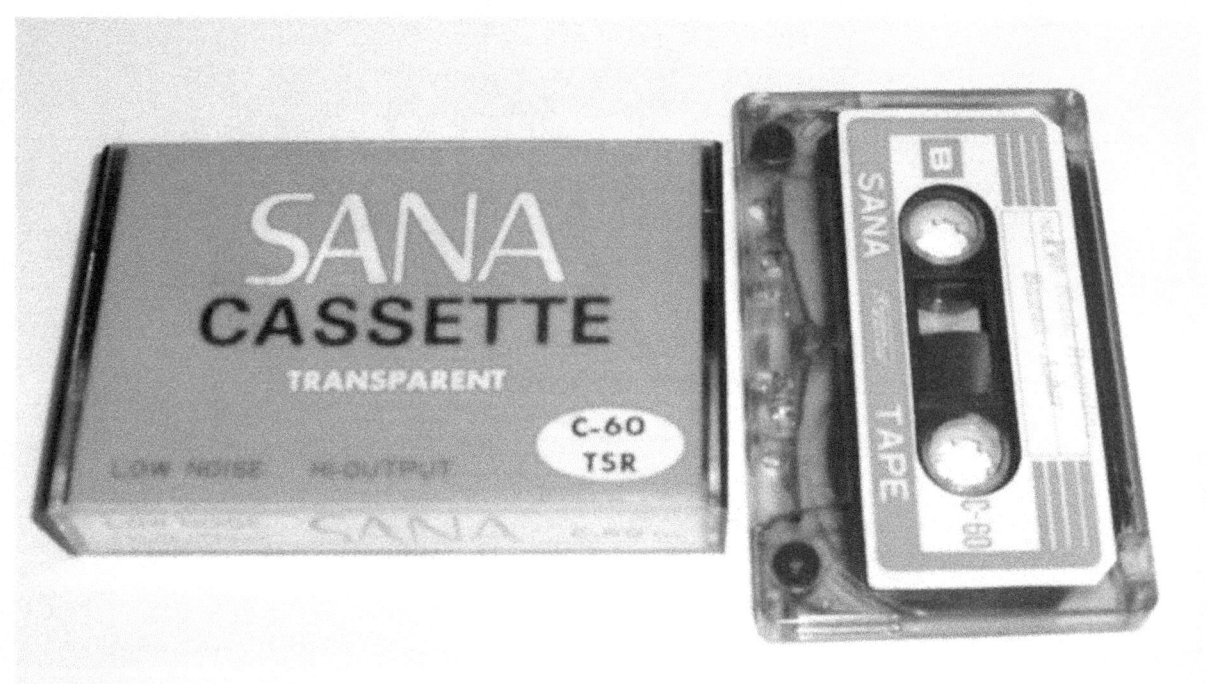

Uwe H. Sültz - Compact Cassetten Bücher

Eigene Informationen:

SANWA Compact Cassette - Type: Normal

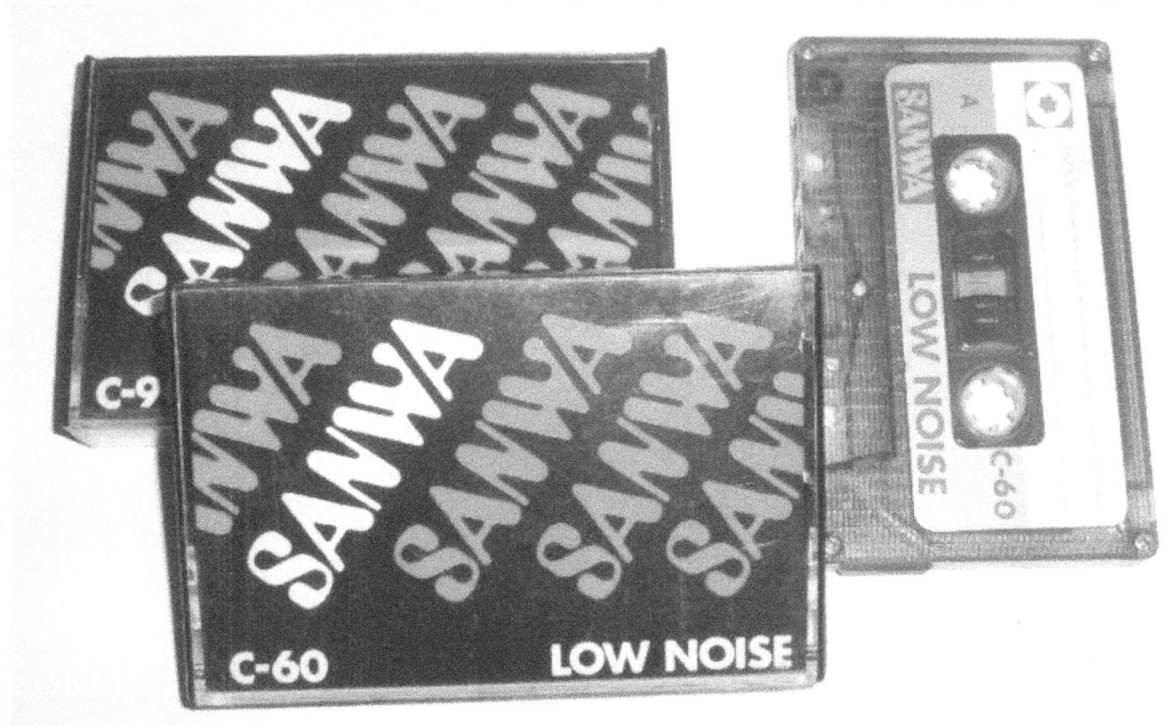

Uwe H. Sültz - Compact Cassetten Bücher

Eigene Informationen:

SANY - SONY NACHBAU Compact Cassette - Type: Normal

Uwe H. Sültz - Compact Cassetten Bücher
Eigene Informationen:

SANYO Compact Cassette - Type: Normal

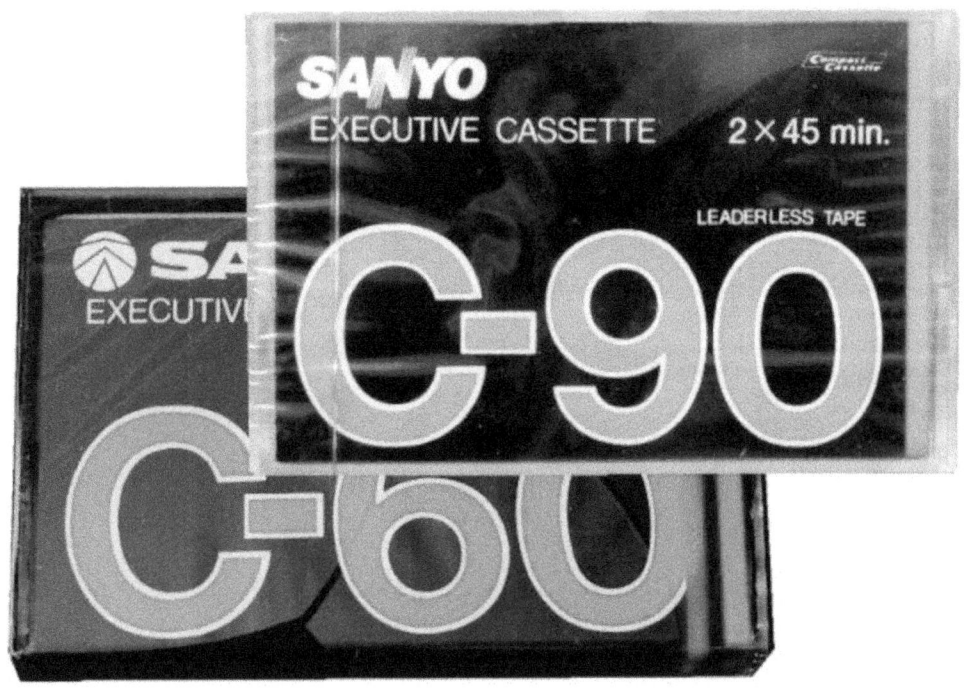

Uwe H. Sültz - Compact Cassetten Bücher

Eigene Informationen:

Uwe H. Sültz - Compact Cassetten Bücher

Eigene Informationen:

SCHNEIDER Compact Cassette - Type: Chrom

Uwe H. Sültz - Compact Cassetten Bücher
Eigene Informationen:

SCOTCH 271 Compact Cassette - Type: Normal - Jahr: 1968

Uwe H. Sültz - Compact Cassetten Bücher

Eigene Informationen:

SCOTCH 271 Compact Cassette - Type: Normal - Jahr: 1969

Uwe H. Sültz - Compact Cassetten Bücher

Eigene Informationen:

SCOTCH 272 Compact Cassette - Type: Normal - Jahr: 1969

Uwe H. Sültz - Compact Cassetten Bücher

Eigene Informationen:

SCOTCH 273 Compact Cassette - Type: Normal - Jahr: 1969

Uwe H. Sültz - Compact Cassetten Bücher

Eigene Informationen:

SCOTCH EXCLUSIV Compact Cassette - Type: Normal - Jahr: 1969

 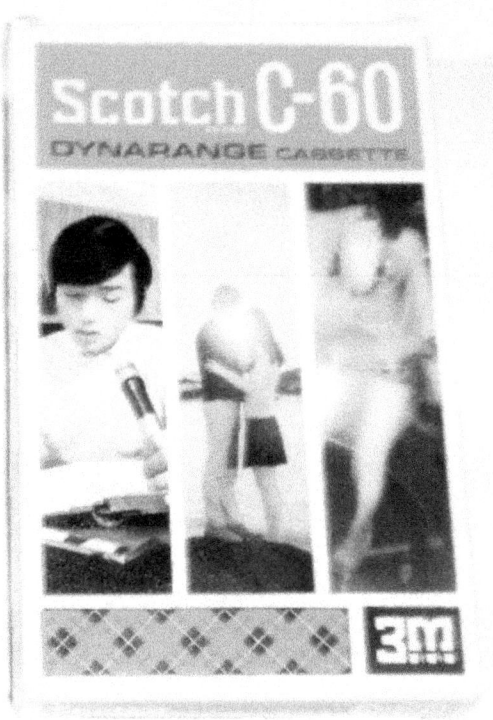

Uwe H. Sültz - Compact Cassetten Bücher

Eigene Informationen:

SCOTCH COBALT Compact Cassette - Type: Normal - Jahr: 1972

Uwe H. Sültz - Compact Cassetten Bücher

Eigene Informationen:

SCOTCH Compact Cassette - Type: Normal - Jahr: 1993

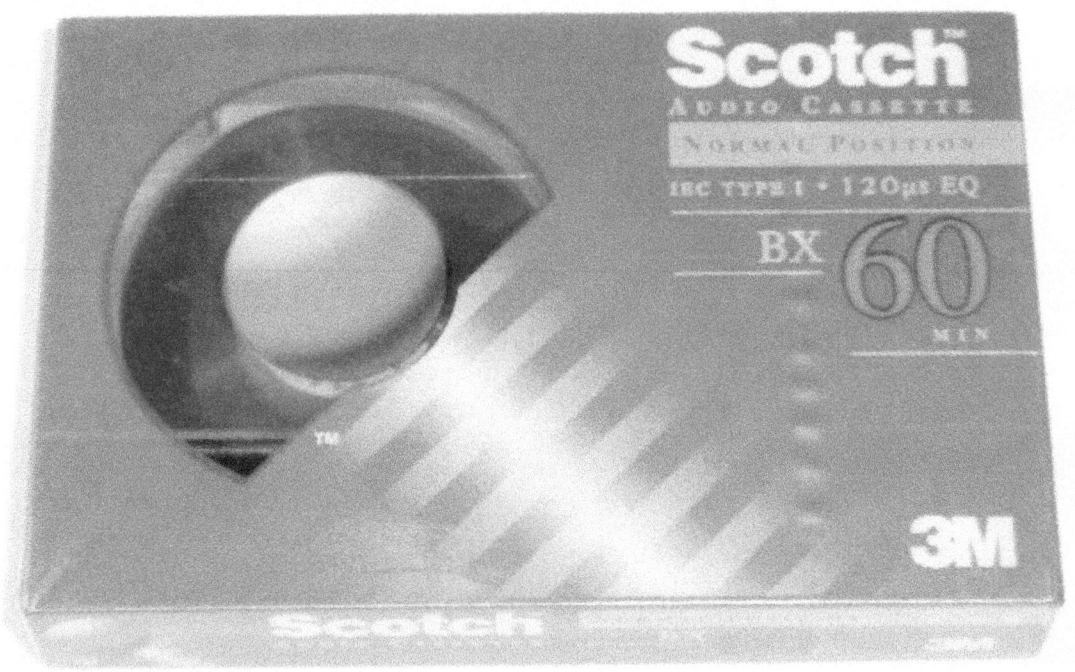

Uwe H. Sültz - Compact Cassetten Bücher

Eigene Informationen:

SCOTCH Compact Cassette - Type: Chrom - Jahr: 1996

Uwe H. Sültz - Compact Cassetten Bücher

Eigene Informationen:

ELIZABETHAN 3M SCOTCH Compact Cassette - Type: Normal - Jahr: 1969

Uwe H. Sültz - Compact Cassetten Bücher

Eigene Informationen:

3M SCOTCH SUPERLIFE Compact Cassette - Type: Normal

 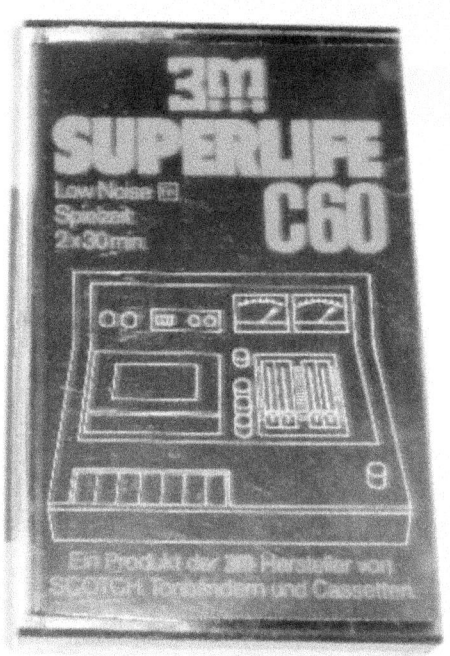

Uwe H. Sültz - Compact Cassetten Bücher

Eigene Informationen:

SECI ITALIEN Compact Cassette - Type: Normal

Uwe H. Sültz - Compact Cassetten Bücher

Eigene Informationen:

SHARP Compact Cassette - Type: Normal

Uwe H. Sültz - Compact Cassetten Bücher

Eigene Informationen:

SILVER SOUND Compact Cassette - Type: Normal

Uwe H. Sültz - Compact Cassetten Bücher

Eigene Informationen:

SKC SE Compact Cassette - Type: Normal - Jahr: 2004

Uwe H. Sültz - Compact Cassetten Bücher

Eigene Informationen:

SKC Compact Cassette - Type: Chrom

Uwe H. Sültz - Compact Cassetten Bücher

Eigene Informationen:

SMAT SHX Compact Cassette - Type: Normal - Jahr: 2005

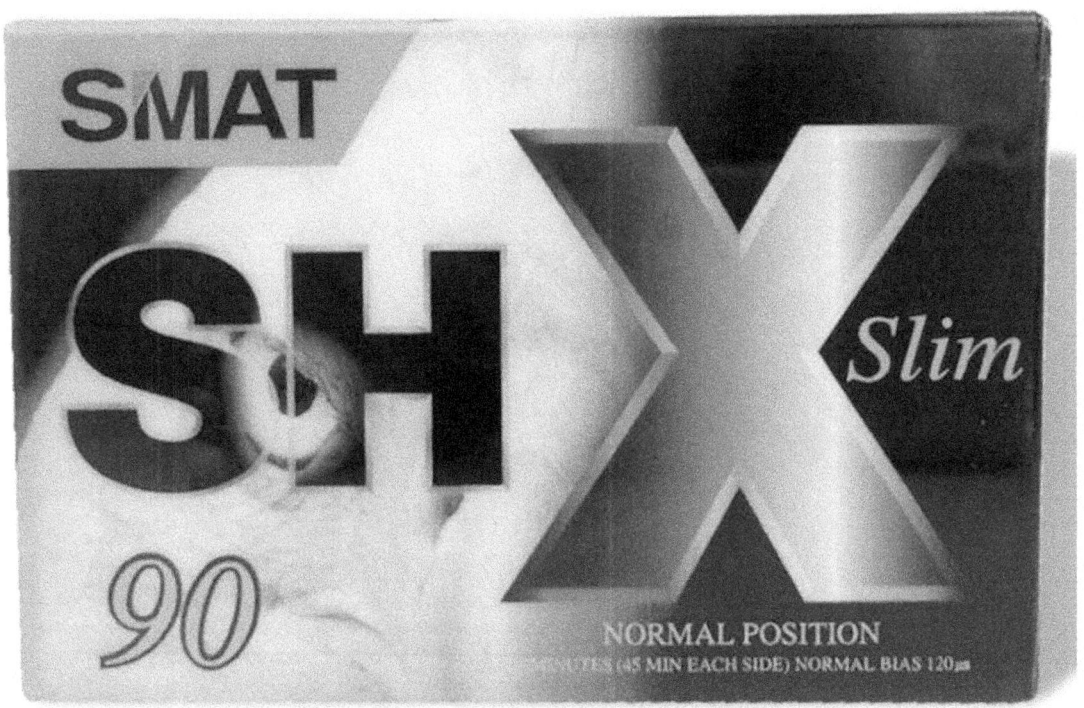

Uwe H. Sültz - Compact Cassetten Bücher

Eigene Informationen:

SMAT SKX Compact Cassette - Type: Normal - Jahr: 2005

Uwe H. Sültz - Compact Cassetten Bücher

Eigene Informationen:

SONY LOW NOISE Compact Cassette - Type: Normal - Jahr: 1968

Uwe H. Sültz - Compact Cassetten Bücher

Eigene Informationen:

SONY LOW NOISE Compact Cassette - Type: Normal - Jahr: 1968

Uwe H. Sültz - Compact Cassetten Bücher

Eigene Informationen:

SONY HF Compact Cassette - Type: Normal - Jahr: 1972

Uwe H. Sültz - Compact Cassetten Bücher
Eigene Informationen:

SONY Compact Cassette - Type: Metal - Jahr: 1992

Uwe H. Sültz - Compact Cassetten Bücher

Eigene Informationen:

SONY UX-Pro 90 Compact Cassette - Type: Chrom - Jahr: 1996

Uwe H. Sültz - Compact Cassetten Bücher

Eigene Informationen:

SONY HF Compact Cassette - Type: Normal - Jahr: 1999

Uwe H. Sültz - Compact Cassetten Bücher

Eigene Informationen:

SONY XR Compact Cassette - Type: Metal - Jahr: 2001

Uwe H. Sültz - Compact Cassetten Bücher

Eigene Informationen:

SONY CR (BASF LIZENZ) COMPACT CASSETTE - Type: Chrom - Jahr: 1972

Uwe H. Sültz - Compact Cassetten Bücher

Eigene Informationen:

SONY Compact Cassette - Type: Metal

Uwe H. Sültz - Compact Cassetten Bücher
Eigene Informationen:

SOUND Compact Cassette - Type: Normal

Uwe H. Sültz - Compact Cassetten Bücher

Eigene Informationen:

SOUND TAPE USA Compact Cassette - Type: Normal

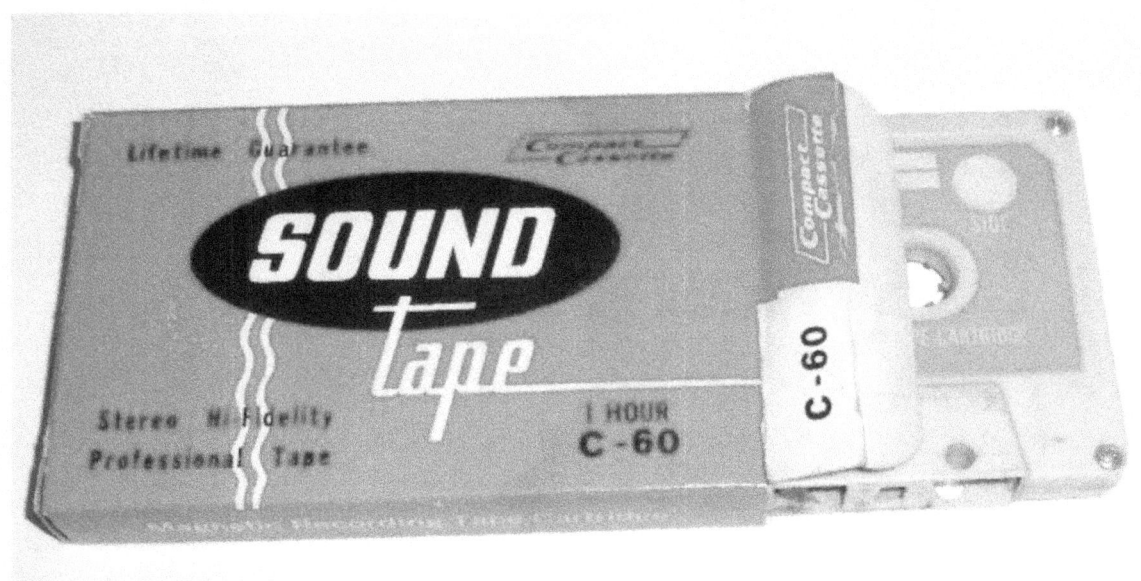

Uwe H. Sültz - Compact Cassetten Bücher

Eigene Informationen:

Uwe H. Sültz - Compact Cassetten Bücher

Eigene Informationen:

STANDARD WALTHAM für Kaufhäuser Compact Cassette - Type: Normal

Uwe H. Sültz - Compact Cassetten Bücher

Eigene Informationen:

STANDARD WALTHAM Compact Cassetten - Type: Normal

Uwe H. Sültz - Compact Cassetten Bücher

Eigene Informationen:

STARS Compact Cassette - Type: Normal

Uwe H. Sültz - Compact Cassetten Bücher

Eigene Informationen:

STEREO Compact Cassette - Type: Normal

Uwe H. Sültz - Compact Cassetten Bücher

Eigene Informationen:

STUDIO BERTELSMANN Compact Cassette - Type: Chrom

Uwe H. Sültz - Compact Cassetten Bücher

Eigene Informationen:

STUDIO BERTELSMANN Compact Cassette - Type: Chrom & Normal

Uwe H. Sültz - Compact Cassetten Bücher

Eigene Informationen:

SUN Compact Cassette - Type: Normal

Uwe H. Sültz - Compact Cassetten Bücher

Eigene Informationen:

SUPER Compact Cassette - Type: Ferro

Uwe H. Sültz - Compact Cassetten Bücher

Eigene Informationen:

TDK SYNCHRO COMPACT CASSETTE - Type: Normal - Jahr: 1966

Uwe H. Sültz - Compact Cassetten Bücher

Eigene Informationen:

TDK C-60F Compact Cassette - Type: Normal - Jahr: 1970

Uwe H. Sültz - Compact Cassetten Bücher

Eigene Informationen:

TDK D Compact Cassette - Type: Normal - Jahr: 1972

Uwe H. Sültz - Compact Cassetten Bücher

Eigene Informationen:

TDK D Compact Cassette - Type: Normal - Jahr: 1997

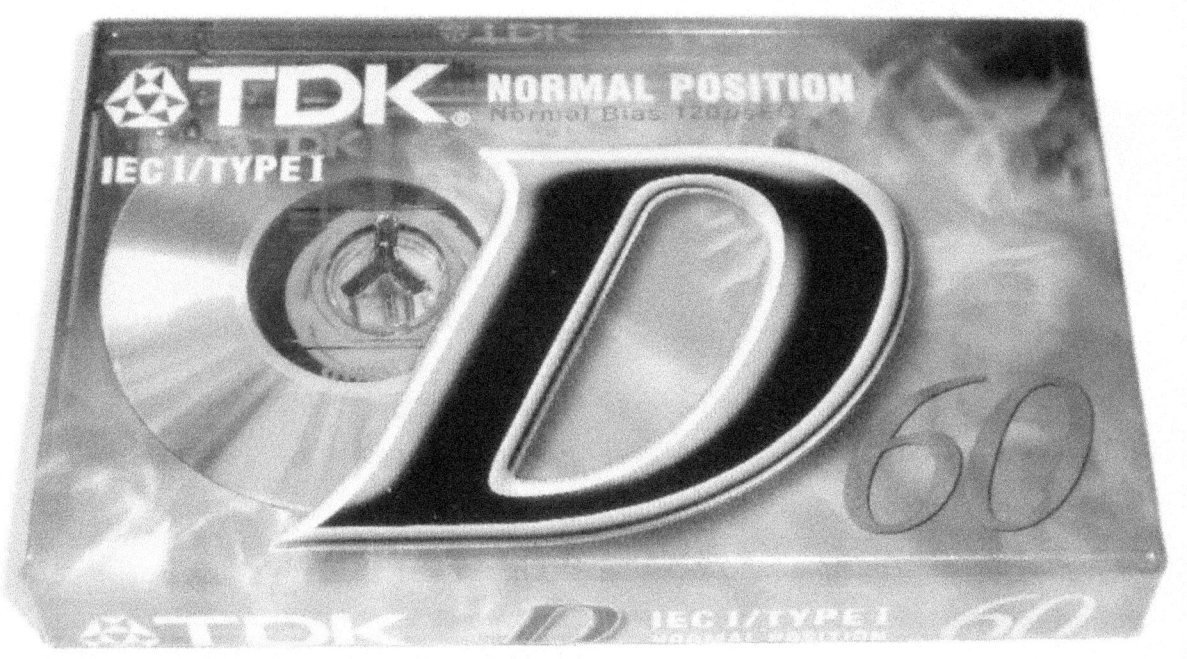

Uwe H. Sültz - Compact Cassetten Bücher

Eigene Informationen:

TDK Compact Cassette - Type: Chrom - Jahr: 2001

Uwe H. Sültz - Compact Cassetten Bücher

Eigene Informationen:

TEAC Compact Cassette - Type: Metal

Uwe H. Sültz - Compact Cassetten Bücher

Eigene Informationen:

TEAC Compact Cassette - Type: Chrom

Uwe H. Sültz - Compact Cassetten Bücher

Eigene Informationen:

TEAC Compact Cassette - Type: Normal

Uwe H. Sültz - Compact Cassetten Bücher

Eigene Informationen:

TECHNICS Compact Cassette - Type: Normal - Jahr: 1979

Uwe H. Sültz - Compact Cassetten Bücher

Eigene Informationen:

TECHNICS Compact Cassette - Type: Normal - Jahr: 1979

Uwe H. Sültz - Compact Cassetten Bücher

Eigene Informationen:

TECHNICS Compact Cassette - Type: Metal

Uwe H. Sültz - Compact Cassetten Bücher

Eigene Informationen:

TELECTRA Compact Cassette - Type: Normal

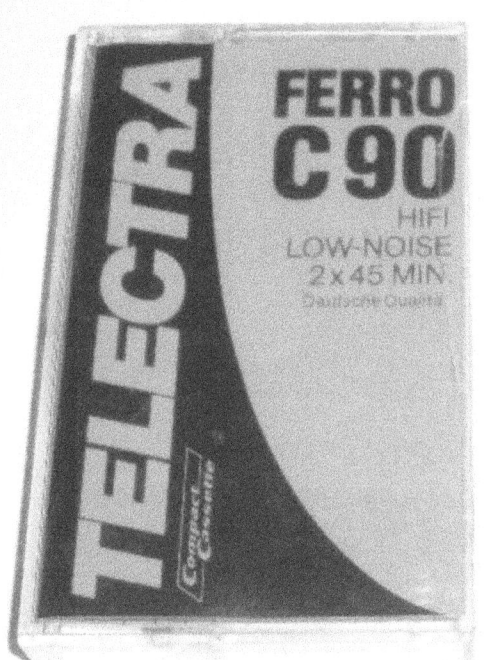

Uwe H. Sültz - Compact Cassetten Bücher

Eigene Informationen:

TELEFUNKEN Compact Cassette - Type: Normal

Uwe H. Sültz - Compact Cassetten Bücher
Eigene Informationen:

TELEROPA Compact Cassette - Type: Chrom

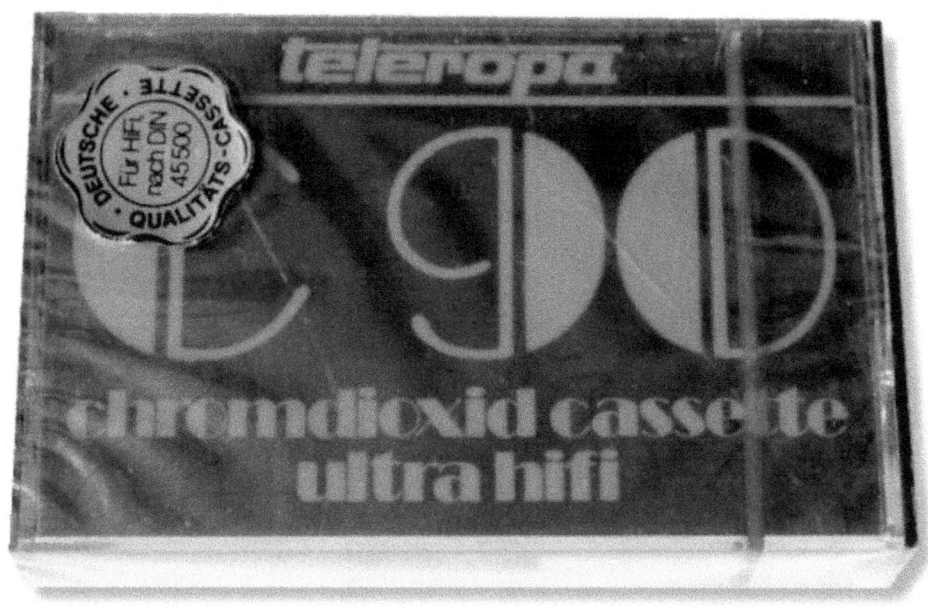

Uwe H. Sültz - Compact Cassetten Bücher

Eigene Informationen:

TELETON Compact Cassette - Type: Normal

Uwe H. Sültz - Compact Cassetten Bücher

Eigene Informationen:

Uwe H. Sültz - Compact Cassetten Bücher

Eigene Informationen:

THAT'S Compact Cassette - Type: Metal - Jahr: 1993

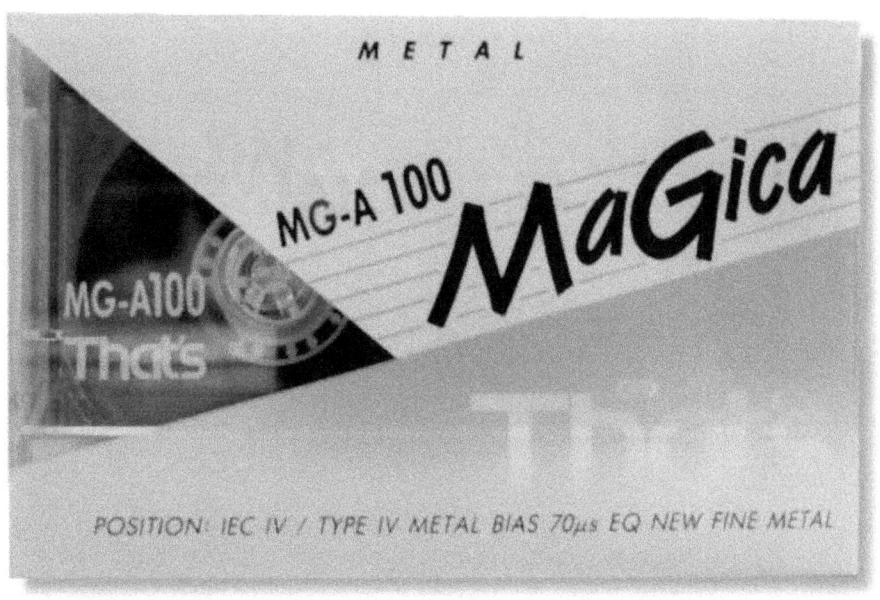

Uwe H. Sültz - Compact Cassetten Bücher
Eigene Informationen:

THAT'S Compact Cassette - Type: Chrom - Jahr: 1995

Uwe H. Sültz - Compact Cassetten Bücher

Eigene Informationen:

THORENS Compact Cassette - Type: Chrom

Uwe H. Sültz - Compact Cassetten Bücher

Eigene Informationen:

TIMETON ACME TCHIBO SOUND Compact Cassette - Type: Normal

Uwe H. Sültz - Compact Cassetten Bücher

Eigene Informationen:

TOSHIBA C60 COMPACT CASSETTE - Type: Normal - Jahr: 1969

Uwe H. Sültz - Compact Cassetten Bücher
Eigene Informationen:

TOSHIBA BOM BEAT COMPACT CASSETTE - Type: Normal - Jahr: 1980

Uwe H. Sültz - Compact Cassetten Bücher

Eigene Informationen:

TRAVELLERS SOUND Compact Cassette - Type: Chrom

Uwe H. Sültz - Compact Cassetten Bücher

Eigene Informationen:

TSI Compact Cassette - Type: Normal

Uwe H. Sültz - Compact Cassetten Bücher

Eigene Informationen:

UDSSR Compact Cassette - Type: Normal

Uwe H. Sültz - Compact Cassetten Bücher
Eigene Informationen:

UHER Compact Cassette - Type: Normal

Uwe H. Sültz - Compact Cassetten Bücher

Eigene Informationen:

UNIVERSUM QUELLE Compact Cassetten - Type: Normal

Uwe H. Sültz - Compact Cassetten Bücher

Eigene Informationen:

UNIVERSUM Compact Cassette - Type: Chrom

Uwe H. Sültz - Compact Cassetten Bücher

Eigene Informationen:

UNIVERSUM QUELLE Compact Cassette - Type: Normal

Uwe H. Sültz - Compact Cassetten Bücher

Eigene Informationen:

UNIVERSUM QUELLE Compact Cassette - Type: Normal

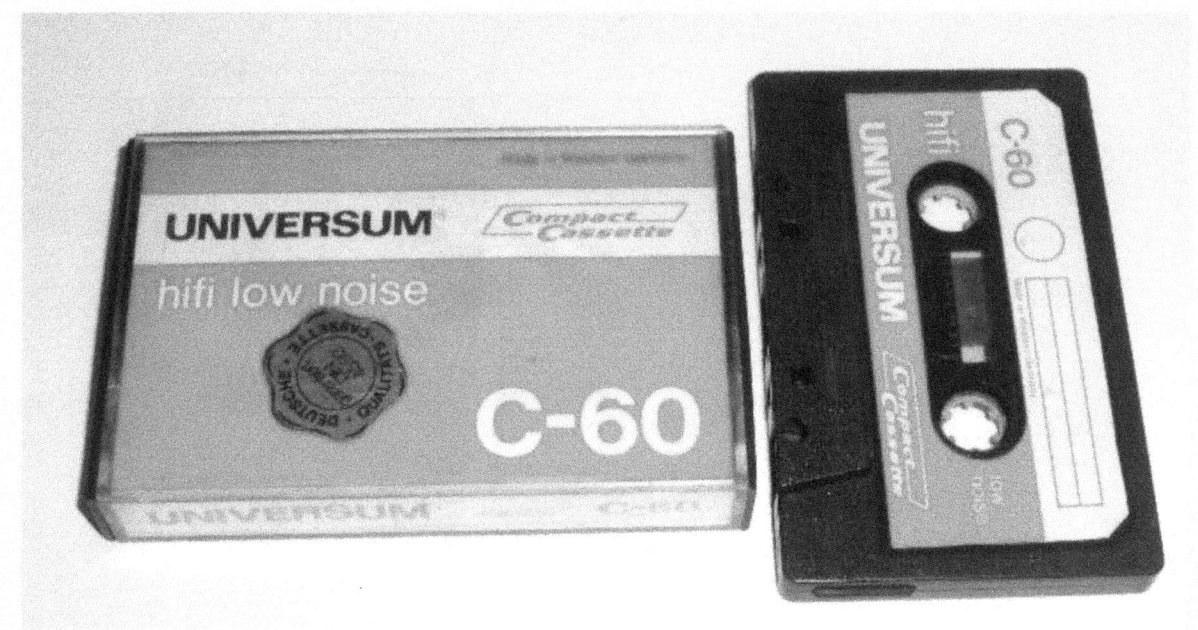

Uwe H. Sültz - Compact Cassetten Bücher

Eigene Informationen:

UNIVERSUM QUELLE Compact Cassette - Type: Normal

Uwe H. Sültz - Compact Cassetten Bücher

Eigene Informationen:

UNIVERSUM QUELLE Compact Cassette - Type: Normal

Uwe H. Sültz - Compact Cassetten Bücher

Eigene Informationen:

UNIVERSUM Compact Cassette - Type: Chrom

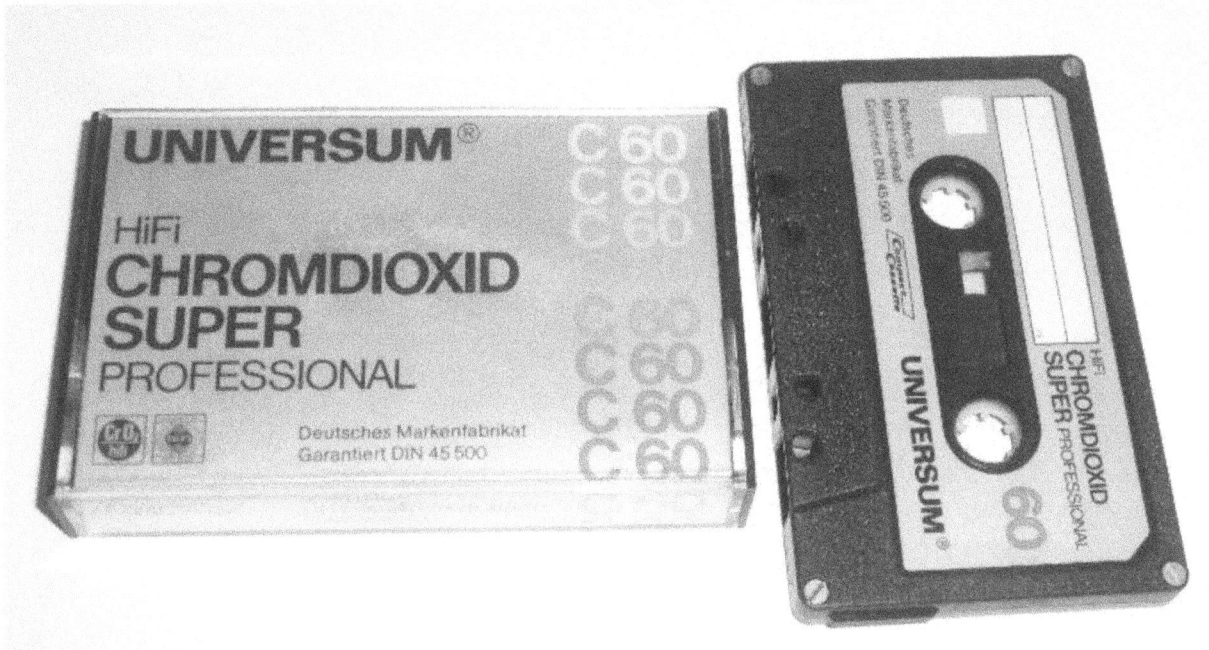

Uwe H. Sültz - Compact Cassetten Bücher

Eigene Informationen:

UNIVERSUM Compact Cassette - Type: Chrom

Uwe H. Sültz - Compact Cassetten Bücher
Eigene Informationen:

UNIVERSUM Compact Cassette - Type: Normal

Uwe H. Sültz - Compact Cassetten Bücher

Eigene Informationen:

Uwe H. Sültz - Compact Cassetten Bücher

Eigene Informationen:

VICTOR JVC Compact Cassette - Type: Normal - Jahr: 1985

Uwe H. Sültz - Compact Cassetten Bücher

Eigene Informationen:

VICTOR GFI-60A COMPACT CASSETTE - Type: Normal - Jahr 1989

Uwe H. Sültz - Compact Cassetten Bücher

Eigene Informationen:

Virgin Compact Cassette - Type: Normal

Uwe H. Sültz - Compact Cassetten Bücher

Eigene Informationen:

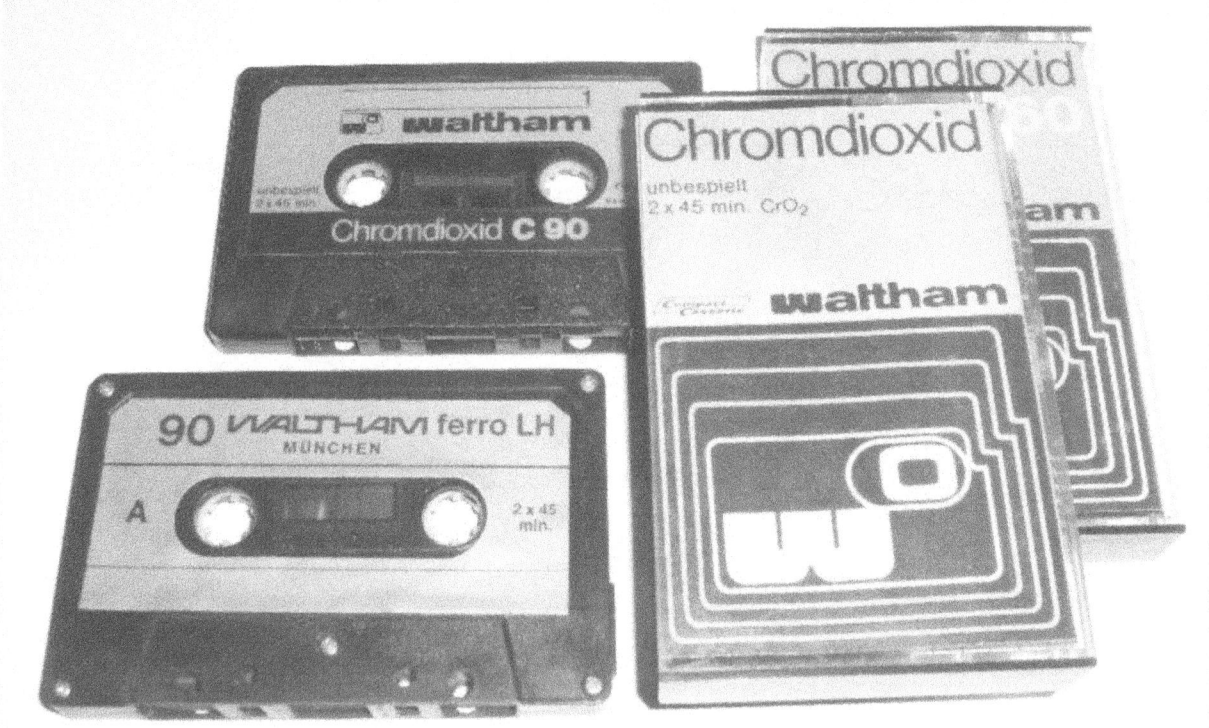

Uwe H. Sültz - Compact Cassetten Bücher

Eigene Informationen:

WATSON HiFi FERRO I Compact Cassette - Type: Normal - Jahr: 1978

Uwe H. Sültz - Compact Cassetten Bücher

Eigene Informationen:

WATSON XFe I Compact Cassette - Type: Normal - Jahr: 1982

Uwe H. Sültz - Compact Cassetten Bücher

Eigene Informationen:

WEGA Compact Cassette - Type: FerroChrom

Uwe H. Sültz - Compact Cassetten Bücher

Eigene Informationen:

WELTFUNK Compact Cassette - Type: Normal

Uwe H. Sültz - Compact Cassetten Bücher

Eigene Informationen:

WELTFUNK Compact Cassette - Type: Normal

Uwe H. Sültz - Compact Cassetten Bücher

Eigene Informationen:

WELTFUNK Compact Cassette - Type: Chrom

Uwe H. Sültz - Compact Cassetten Bücher

Eigene Informationen:

WHSMITH PHILIPS Compact Cassette - Type: Normal

Uwe H. Sültz - Compact Cassetten Bücher

Eigene Informationen:

XEROX - PHILIPS - BASF - Computer Daten Cassetten

Uwe H. Sültz - Compact Cassetten Bücher

Eigene Informationen:

YAMAHA Compact Cassette - Type: Normal

Uwe H. Sültz - Compact Cassetten Bücher

Eigene Informationen:

YAMAHA Compact Cassette - Type: Chrom

Uwe H. Sültz - Compact Cassetten Bücher

Eigene Informationen:

YASHIMA UFO Compact Cassette - Type: Normal

Uwe H. Sültz - Compact Cassetten Bücher

Eigene Informationen:

ZAIKS BIEM J&B Compact Cassette - Type: Normal

Uwe H. Sültz - Compact Cassetten Bücher
Eigene Informationen:

A-Z... A, wie Anfang und Z, wie Zukunft...
mit dem Ferroband begann die Compact Cassette
und mit dem Ferroband geht es in die Zukunft...

Uwe H. Sültz - Compact Cassetten Bücher

Eigene Informationen:

CARTRIDGE N.Z.

MINELCO CARRY CORDER von ROGER MOORE

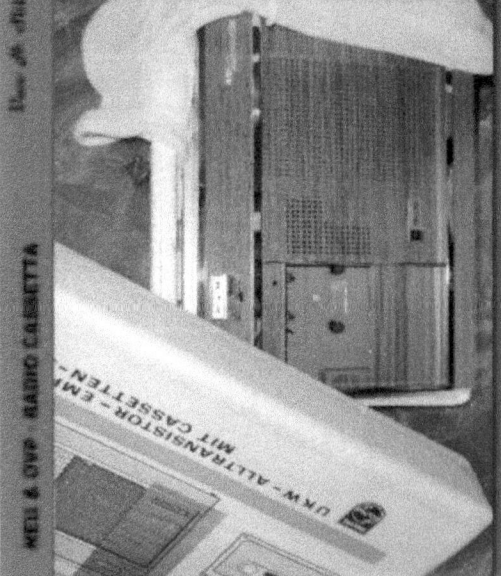

MEIZ & OVP RADIO CASSETTA
UKW-ALLTRANSISTOR-EMI MIT CASSETTEN-

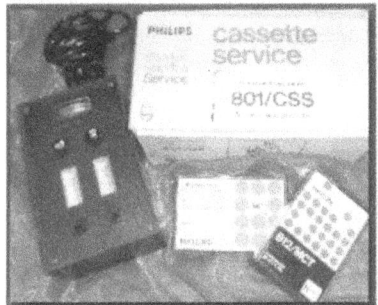

"Die Compact Cassette ist ein Kulturgut! Damit die Beständigkeit gewährleistet wird, erinnere ich in meinen Bildbänden daran.", so Uwe H. Sültz. Und tatsächlich, Freunde der CC gibt es rund um die Welt. Auch als Speichermedium für die ersten Computer wurde die CC benutzt. Durch die riesige und z.T. seltene Sammlung von Uwe H. Sültz, bleibt dieses Kulturgut weiteren Generationen erhalten. Zu gegebener Zeit wird diese Sammlung dem PHILIPS-Museum übergeben. Im Internet sind Sültz Beiträge zu finden. Auch die erste Sprachaufnahme auf der Funkausstellung 1963. Uwe H. Sültz besitzt auch eine der ganz seltenen Einlochkassetten. Weiterhin sind in seiner Sammlung über 100 Recorder der Anfänge, welterste Compact Cassetten, welterste MusiCassetten und alle Arten von Mess- und Einstell-Cassetten und Geräte.

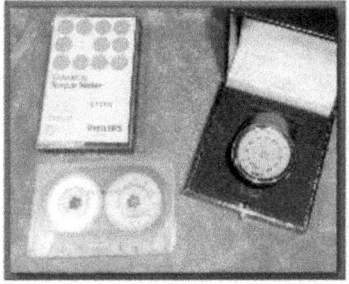

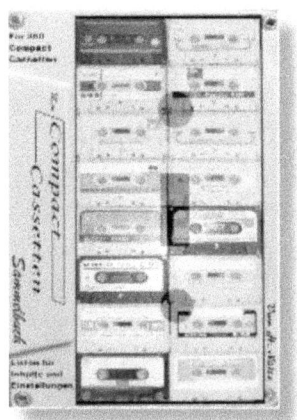   

Demnächst erscheinen die Bildbände "Meilensteine der Compact Cassetten von 1963 bis heute", "PHILIPS Compact Cassetten von 1963 bis 1999" und "Compact Cassetten großer Unternehmen".

Bildbände über Compact Cassetten, Mess- und Einstell-Cassetten und MusiCassetten sind seit 2016 auf dem Markt. Ebenfalls ein Compact Cassetten Sammelbuch.

SÜLTZ BÜCHER
Kinderbücher, Krimi, Horror, Science Fiction, Kochbücher, Tagebücher, Bildbände und mehr.

Kalender 2063

100 Jahre Compact Cassetten
1963 - 2063

Uwe H. Sültz

Fotokalender für 2063 mit 50 Compact Cassetten-Abbildungen ab 1963.

Lightning Source UK Ltd.
Milton Keynes UK
UKHW030631080321
379980UK00010B/1528